設計技術シリーズ

インバータ
制御技術と実践

［著］宇部工業高等専門学校　西田 克美

Inverter Control Technologies
for Practical Applications

科学情報出版株式会社

はしがき

　従来からインバータはモータ駆動や再生可能エネルギーの系統連系に広く活用され、省エネルギーと低炭素化を実現する主要機器としての役割はますます増している。インバータは、モータの原理を扱う電気機器工学、インバータの主要部品であるスイッチングデバイスを扱う半導体工学、さらに直流から交流を作る電力変換回路等の技術を融合したいわゆるパワーエレクトロニクスの代表的な製品であり、初学者にとって、その理解は容易ではない。

　本書は現場でインバータの運転保守に従事されている技術者や初学者を念頭にインバータの基礎から応用までを解説している。すなわち単相インバータの解説ではスイッチングによって直流から交流への逆変換ができること示し、それから一般的な三相インバータの説明を行っている。次に誘導電動機と埋込磁石同期電動機のインバータを用いた駆動方法を述べている。電動機駆動には発生周波数や出力電圧が大きく変化する可変電圧可変周波数インバータが使用されるのに対して、系統連系用パワーコンディショナで使用されるインバータは系統と同一周波数、また振幅もほぼ一定で運転される。

　第8章では、インバータの自作をする場合の要点を解説している。各メーカーから供給されるインバータの高性能化と低価格化は一層進み、インバータはブラックボックス化される傾向がある。しかし構成部品の種類や主回路と制御回路についてある程度までの詳細を知っておくことは、運転保守にあたる現場技術者には欠かせないように思われる。

　最初に述べた通り、本書は現場でインバータの運転保守に従事されている技術者を対象としているが、単なる解説書に終わらないよう、著者の学校での講義内容や研究での知見を取り入れた原理の説明にも力を注いでいる。パワーエレクトロニクスを学習する学生の参考書としても使用していただければと思う。なお、関連する電気主任技術者試験の問題を演習の中で数題取り上げている。本文の内容理解や試験のレベルの確認に活用していただきたい。

はしがき

　参考文献にあげた書物、論文からは本書を執筆するにあたり多くの知見を得ている。著者の方々に感謝いたします。科学情報出版の編集者の方々には執筆の大幅な遅れで大変ご迷惑をおかけしたことをお詫び申し上げます。

目　　次

はしがき

序章　電気回路の基本定理

A.1　オームの法則 …………………………………………… 3
A.2　ファラデーの法則 ………………………………………… 4
A.3　フレミングの右手の法則と左手の法則−直線運動の場合 ……… 8
A.4　相互インダクタンス ……………………………………… 10

第1章　インバータの基本と半導体スイッチングデバイス

1.1　単相インバータの基本原理 …………………………… 15
1.2　半導体スイッチングデバイスの分類 ………………… 16
1.3　ダイオード ………………………………………………… 16
1.4　半導体スイッチングデバイス　IGBT …………………… 18
1.5　半導体スイッチングデバイス　MOS-FET ……………… 22

第2章　単相インバータ

2.1　ユニポーラ式PWM ……………………………………… 25
2.2　三角波比較法によるユニポーラ方式PWM …………… 26
2.3　三角波比較法によるバイポーラ方式PWM …………… 28
2.4　直流入力電圧の作り方 ………………………………… 30
[コラム2.1] 三相電源の接地方式 ………………………… 37

第3章 三相インバータ

- 3.1 初歩的な三相インバータ（＝6ステップインバータ） ……… 41
- 3.2 三相PWMの手法 …………………………………………… 43
- 3.3 瞬時空間ベクトルとは ……………………………………… 45
- 3.4 2レベルインバータの基本電圧ベクトル ………………… 47
- 3.5 空間ベクトル変調方式PWM ……………………………… 49
- 3.6 瞬時空間ベクトルから三相量への変換 …………………… 53
- 3.7 空間ベクトル変調方式PWMで出力できる電圧の大きさ ……… 54

第4章 3レベル三相インバータ

- 4.1 3レベル三相インバータ …………………………………… 61
- 4.2 3レベル三相インバータのゲート信号作成原理 ………… 62
- 4.3 デッドタイムの必要性 ……………………………………… 63
- 4.4 デッドタイムの補償 ………………………………………… 64
- 4.5 3レベル三相インバータ制御の留意点 …………………… 65
- 4.6 T形3レベル三相インバータ ……………………………… 68

第5章 誘導電動機の三相インバータを用いた駆動

- 5.1 三相インバータ導入のメリット …………………………… 75
- 5.2 三相かご形誘導電動機のトルク発生原理 ………………… 75
- 5.3 V/f一定制御方式 …………………………………………… 82
- 5.4 すべり周波数制御方式 ……………………………………… 84
- 5.5 ベクトル制御方式 …………………………………………… 85
- 5.6 インバータ導入の反作用 …………………………………… 95
- ［コラム5.1］ゼロ相分について ………………………………… 96
- ［コラム5.2］インバータのサージ電圧 ………………………… 97

第6章　永久磁石電動機の三相インバータを用いた駆動

6.1　永久磁石同期電動機のトルク発生原理　……………………… 107
6.2　永久磁石同期電動機の基本式　…………………………………… 111
6.3　永久磁石同期電動機の運転方法　………………………………… 113
6.4　永久磁石同期電動機の定数測定法　……………………………… 115

第7章　系統連系用のインバータ

7.1　主回路の概要　……………………………………………………… 121
7.2　オープンループによる電流制御法　……………………………… 122
7.3　フィードバック電流制御法　……………………………………… 127
7.4　電流制御のプログラム　…………………………………………… 130
7.5　LCLフィルタ　……………………………………………………… 132
7.6　系統連系用三相電流形PWMインバータの概略　……………… 134
7.7　系統連系用三相電流形PWMインバータの制御法　…………… 137
7.8　系統連系用三相電流形PWMインバータの制御法の改善 …… 142
7.9　電流のPWM変調　………………………………………………… 144

第8章　インバータのハードウェア

8.1　パワーデバイスのゲート駆動用電源　…………………………… 149
8.2　ゲート駆動回路　…………………………………………………… 150
8.3　2レベルインバータのデットタイム補償　……………………… 151
8.4　半導体スイッチングデバイスでの損失　………………………… 153
8.5　PLLとPWM発生回路　…………………………………………… 155
8.6　インバータ制御回路に使用されるマイコン　…………………… 158
8.7　インバータシステムで使用される測定器　……………………… 159
［コラム8.1］DSPプログラム　………………………………………… 160

第9章　汎用インバータの操作方法

9.1　インバータの選定 ･････････････････････････････ 165
9.2　インバータのセットアップ ･･･････････････････････ 166
9.3　トルク制御の方法 ････････････････････････････ 166
9.4　多段則運転 ･････････････････････････････････ 169

参考文献 ･････････････････････････････････････ 170

索引 ･･ 172

序章
電気回路の基本定理

この章では、インバータ技術の理解に不可欠の電気回路の基本定理について述べる。

A.1　オームの法則

中学校で学ぶオームの法則であるが、電圧や電流の概念が把握できていないと使いこなせない。電圧は図 a.1 で示すように、でこぼこの面にあるボールを転がすために必要な高低差である。一方電流は斜面を転がり落ちていくボールの速度にたとえられる。高低差が増え斜面の勾配が増すと、ボールが転がる速度が増えていく。これを式で表すと以下のようになる。

$$\text{ボールの速度} = \frac{\text{でこぼこの面につけられた高低差}}{\text{でこぼこの度合い}}$$

$$\text{電流}: I = \frac{\text{抵抗にかけられる電圧}}{\text{抵抗}} = \frac{V}{R} [A] \quad (\text{オームの法則}) \quad \cdots (a.1)$$

抵抗に電気的な高低差、電圧 V を与えるには、回路に電源を入れる必要がある。そして電源電圧の大きさ E は V と同じ大きさである。電源はエレベータのようなもので斜面を転がり落ちてきたボールを再び上まで運び上げてくれる。図 a.1 の回路全体をあらためて眺めると、エレ

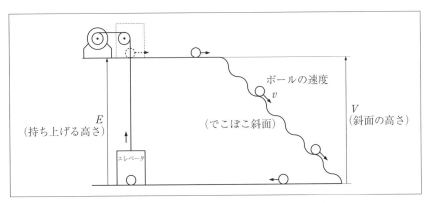

〔図 a.1〕電源電圧 E と抵抗の電圧 V の意味

ベータ付きの滑り台でボールが循環しているとみることができる。

[例題 A.1]
　図a.2の回路で電源電圧 $E=24[\text{V}]$、抵抗 $R=6[\Omega]$ である。抵抗にかかる電圧 V はいくらか。また回路に流れる電流 I はいくらか。
[解]

$$V = E = 24[\text{V}]$$

$$I = \frac{V}{R} = \frac{24}{6} = 4[\textbf{A}]$$

A.2　ファラデーの法則

　コイルに流れる電流を教えてくれるファラデーの法則は、抵抗に流れる電流に関するオームの法則より理解が困難である。これは、以下の微分式で表されるからである。

$$\frac{di}{dt} = \frac{1}{L} v \quad \cdots\cdots\cdots\cdots\cdots\cdots\cdots\cdots\cdots\cdots\cdots\cdots\cdots\cdots\cdots\cdots\cdots \quad (\text{a.2})$$

　ここで、$\frac{di}{dt}$ は電流の微分（＝時間変化割合）、v はコイルに印可される電圧、L は自己インダクタンスというそのコイルに固有の定数である。L が大きいと電流の時間変化割合は小さくなる。すなわち v を印可しても電流 i は一定値を維持しようとするので電流の大きさを変えることは

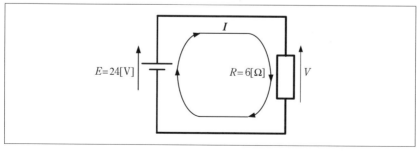

〔図a.2〕オームの法則

困難である。

　読者ははずみ車をご存じだろうか。大きな石でできた回転体を回し始めるには大きな力が必要であること、またいったん回り始めると、なかなか止まらないことがはずみ車の特長である（図 a.3）。はずみ車の回転速度 n[rps] の時間変化割合は

$$\frac{dn}{dt} = \frac{1}{2\pi\,I} \cdot (f \times r) \quad \cdots\cdots\cdots\cdots\cdots\cdots\cdots\cdots\cdots\cdots \text{(a.3)}$$

と求められる。この式はニュートンの運動の第2法則を回転運動に適用したもので $f \times r$ はトルク、一方 I は慣性モーメントというものである。(a.2) 式と (a.3) 式を比べると、電圧 v とトルク $f \times r$ が原因として、一方電流微分 di/dt と速度微分 dn/dt が結果としてちょうど対応していることがわかる。

　大きな自己インダクタンス L を持つコイルの電流 i が急には変われないことは、大きな慣性モーメント I を持つはずみ車の速度 n が急には変われないことに思いをめぐらせば理解できるでしょう。

[例題 A.2]

　図 a.4 のようにコイルに接続された電源の電圧 v が変化する。自己インダクタンス L=0.20[H] として電流 i のグラフを作図しなさい。ただし、

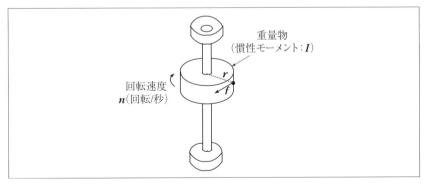

〔図 a.3〕はずみ車

i の初期値は 0[A] とする。

[解]

0 から 5ms までは、コイルに印可される電圧は 200[V] であるので、この期間の電流の時間変化割合は

$$\frac{di}{dt} = \frac{1}{L}v = \frac{200}{0.2} = 1000 \text{[A/s]}$$

と求められる。I の式を、初期条件 $i=0|_{t=0}$ も考慮して、積分で求めると $i=1000 \cdot t$[A] と、積分定数がゼロの1次関数となる。

そして時刻 $t=5$[ms] の時点で $i=5$[A] になる。次の 5[ms]～15[ms] の期間では、電流微分は

$$\frac{di}{dt} = \frac{1}{L}v = \frac{-200}{0.2} = -1000 \text{[A/s]}$$

となり、i のグラフは、傾き 1000 で右下がりとなる。そして 15−5=10ms=0.01s の間に 1000×0.01=10[A] だけ下降して 15ms の時点では $i=5-10=-5$[A] となる。以下このような変化を繰り返すので、i のグラフは振幅が 5[A] の三角波となる。

図 a.4 では、コイルに発生する電圧を記号 e で示している。e は誘導起電力といわれるものである。抵抗の場合に成立していた、"電源電圧：$E=$ 抵抗の電圧降下：V" という関係がコイルでも成り立っている。すな

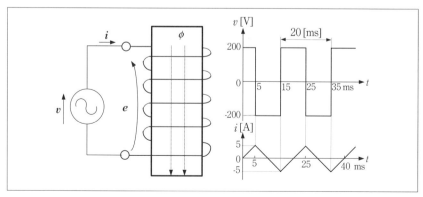

〔図 a.4〕

わち

電源電圧：$v=$ コイルに発生する誘導起電力：e …… (a.4)

　この関係は力学の「作用、反作用の法則」と同じように考えることができる。作用、反作用の法則の一例として、人がバネを引き延ばすと（＝作用の力）、バネは元の長さに戻ろうと逆向きの力を発生する（＝反作用の力）という現象がある。ここで反作用の力はバネの弾性に由来して発生していることに注意されたい。
　電気回路で反作用に相当するコイルに発生する誘導起電力 e は、ファラデーの法則で示されているように、コイルを貫いている磁束 ϕ[Wb] の時間変化割合に比例して (a.5) 式のように発生する。

$$v = e = N \cdot \frac{d\phi}{dt} = \frac{d(N \cdot \phi)}{dt} \quad \cdots\cdots (a.5)$$

　ここで、N はコイルの巻数である。また N と ϕ の積 $N \cdot \phi$ を磁束鎖交数という。
　ϕ がコイルに流れる電流 i で作られる場合には次のように磁束鎖交数が表現できる。

$$磁束鎖交数 = N \cdot \phi = L \cdot i \quad \cdots\cdots (a.6)$$

　上式の L も自己インダクタンス（単位：H（ヘンリーと読む））である。L の物理的意味は、そのコイルに 1[A] の電流を流したときにできる磁束鎖交数ということがわかる。(a.6) 式を (a.5) 式に代入して、(a.7) 式が得られる。

$$v = e = N \cdot \frac{d\phi}{dt} = L\frac{di}{dt} \quad \cdots\cdots (a.7)$$

[例題 A.3]

図 a.4 の左側に示されているコイルの巻数は $N=25$ 回、コイルを貫いている磁束 $\phi=0.0050[\mathrm{Wb}]$ であるという。磁束鎖交数はいくらか。またコイルの電流 i が 15[A] であるとき、このコイルの自己インダクタンス L はいくらか。

[解]

$$磁束鎖交数 = N \cdot \phi = 25 \times 0.0050 = 0.125 [\mathbf{Wb}]$$

$$自己インダクタンス \ L = \frac{N \cdot \phi}{i} = \frac{0.125}{15} = 0.00833 [\mathbf{H}] = 8.33 [\mathbf{mH}]$$

A.3　フレミングの右手の法則と左手の法則－直線運動の場合

モータや発電機の解析において必ず必要になるのがこのフレミングの法則である。そして右手と左手の法則は必ずセットで使用されることに注意されたい。次の例題で説明しよう。

[例題 A.4]

図 a.6（a）において、移動導体の長さ $l=0.2[\mathrm{m}]$、導体が磁束を切る速度 $v=10[\mathrm{m/s}]$ であるという。導体に誘導される起電力 e はいくらか。また e の方向を図 a.6（b）の左側の図に記入せよ。コの字型の枠の左端の抵抗

〔図 a.5〕コイルの例　$L=2[\mathrm{mH}]$、5[A]　2台（ユニオン電機製）

R が $8[\Omega]$ のとき、R に流れる電流 I はいくらか。さらに移動導体に流れる電流 i の方向と、電磁力 f の方向を図a.6 (b) の右側の図に記入せよ。右下のおもりが $v=10[m/s]$ で等速運動をするためには、おもりに働いている重力の大きさ $mg[N]$ はいくらのはずであるか。最後に抵抗の消費電力とおもりがした機械動力をそれぞれ求めよ。

[解]

　起電力 e はフレミングの右手の法則により $e=vBl=10\times 1.5\times 0.2=3[V]$。右手の法則の意味は、長さ $l[m]$ の導体が1秒間で $v[m]$ だけ右方向に移動するときに切り取る磁束の本数こそ、誘導される起電力の大きさであるということである。長方形の面積 $v\times l[m^2]$ に磁束密度を掛け合わせると確かに磁束の本数が求められる。また e の向きはベクトル v からベクトル B の方向に右ねじを回したときねじの進む方向、この場合右ねじは、手前に出て来るので、手前方向となる。R に流れる電流 I は、オームの法則から、

$$i=\frac{e}{R}=\frac{3}{8}=0.375[A]$$

となる。

　磁束のある空間に置かれた導体に電流が流れると、その導体には電磁力 f が働く。f の大きさはフレミングの左手の法則により $f=iBl=0.375\times 1.5\times 0.2=0.113[N]$ である。また電磁力の向きはベクトル i からベクトル B の方向に右ねじを回したときねじの進む方向、この場合右ねじは、左

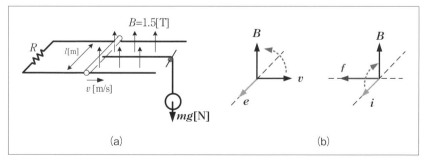

〔図a.6〕

方向に進んでいくので、左方向となる。

等速円運動をするためには、電磁力とおもりの重力が釣り合っていることが必要であるので、おもりの重さ mg は $mg=f=0.113$[N] である。

抵抗の消費電力は、$e \times i = 3 \times 0.375 = 1.13$[W] である。

一方、おもりが1秒間にする仕事は、$mg \times v = 0.113 \times 10 = 1.13$[W] であり、両者は等しいことがわかる。おもりがした仕事、すなわち位置エネルギーの減少分が電力として取り出せるわけである。

A.4 相互インダクタンス

電動機がトルクを発生できるのは、電源が直接つながれた固定子巻線とトルクを外部に与える回転子の間に、磁気的な結合が存在するからである。磁気的な結合の度合いを表す基本的な指標が本節の相互インダクタンス M である。

図a.7 (a) と (b) は一つの鉄心に左側の1と右側の2の二つのコイル（巻線）が施されたときの磁束の分布状況を示したものである。図中の磁束の1本を仮に1[Wb]とすると、1のコイルに1[A]の電流が流されている (a) では、2[Wb]の主磁束 $\phi_{1 \to 2}$ が発生し、コイル2の磁束鎖交数は、$N_2 \cdot \phi_{1 \to 2} = 3 \times 2 = 6$[**Wb**] となっている。一方、2のコイルに1[A]の電流が流されている (b) では、電流が流れるコイルの巻数が半分の3となったために、1[Wb]の主磁束 $\phi_{2 \to 1}$ が発生し、コイル1の磁束鎖交数は、$N_1 \cdot \phi_{2 \to 1} = 6 \times 1 = 6$[**Wb**] となっている。この例の相互インダクタンスは M の定義式、(a.8) 式に数値を代入して、6[H] となる。

$$M = \frac{N_2 \cdot \phi_{1 \to 2}}{I_1} \left(= \frac{N_1 \cdot \phi_{2 \to 1}}{I_2} \right) [\mathbf{H}] \quad \cdots \cdots \cdots \cdots \quad (a.8)$$

(a.8) 式で示されている通り、どちらのコイルに電流を流しても、求められる相互インダクタンスに違いはないことは、電磁気学の式で M を表現すると理解できる。主磁束の本数は電流が流れるコイルの巻数に比例し

$$\phi_{1\to 2} = \frac{N_1 \cdot I_1}{磁気抵抗}$$

また磁束鎖交数は、相手方のコイルの巻数に比例するから、

$$M = \frac{N_1 \cdot N_2}{磁気抵抗} \text{ [H]}$$

と表される。

　ところで、図 a.7 には、鉄心中から空気中に漏れ出す漏れ磁束が示されている。漏れ磁束がある場合のコイル 1 の自己インダクタンス L_1 は、主磁束分の L_{01} と漏れ磁束分の l_1 の合計となる。すなわち

$$L_1 = L_{01} + l_1 = \frac{N_1 \cdot (\phi_{1\to 2})}{I_1} + \frac{漏れの磁束鎖交数}{I_1} = \frac{6\times 2}{1} + \frac{4}{1} = 16 \text{ [H]}$$

としなければならない。

　コイル 2 の自己インダクタンス L_2 も主磁束分の L_{02} と漏れ磁束分の l_2 の合計となる。すなわち

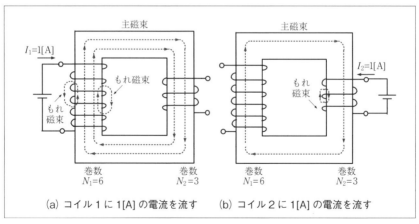

(a) コイル 1 に 1[A] の電流を流す　(b) コイル 2 に 1[A] の電流を流す

〔図 a.7〕相互インダクタンスの定義

$$L_2 = L_{02} + l_1 = \frac{N_2 \cdot (\phi_{2 \to 1})}{I_2} + \frac{漏れの磁束鎖交数}{I_2} = \frac{3 \times 1}{1} + \frac{1}{1} = 4\,[\mathrm{H}]$$

となる。

　全体の磁束に対する主磁束の割合を示すのが、次式で定義される結合係数 k である。

$$k = \frac{M}{\sqrt{L_1 \cdot L_2}} = \frac{6}{\sqrt{16 \times 4}} = 0.75$$

k の理想値は、漏れ磁束がないときの 1 である。

第1章

インバータの基本と半導体スイッチングデバイス

逆変換装置（インバータ）は、本書では直流電力を任意周波数の交流電力に変換する装置のことである。一方、逆に交流から直流を作る装置を順変換装置（コンバータ）という。コンバータの動作原理の理解にはインバータの理論が有益な部分も多く、本書ではインバータの理論を中心に説明する。なお、表 1.1 に示すように、電力変換装置には直流から電圧や電流の大きさが異なる直流を作り出す DC/DC コンバータや交流から周波数の異なった交流を直接作り出すマトリクスコンバータもある。前者は 2 次電池の充放電回路へ適用されている。また後者は一般的な AC → AC 変換が AC → DC と DC → AC 変換の 2 段構えで（Back to Back System（背中合わせシステムという））行われているのに対して、1 回の変換で済ませられるという特徴があるが、制御は Back to Back 方式と比べて極めて複雑である。本書ではこれらは扱わない。早速、インバータの基本について述べていこう。

1.1　単相インバータの基本原理

　インバータの正体はスイッチであり、負荷に印可できる電圧 v は、直流電源電圧を E としたとき $+E$、0、$-E$ の 3 通りの値しかない。図 1.1 において、正（$+E$）の電圧はスイッチ S1 と S2' を同時に ON とすることで作られる。0 の電圧はスイッチ S1 と S2 を同時に ON にするか、スイッチ S1' と S2' を同時に ON とすることで作られる。また負（$-E$）の電圧はスイッチ S2 と S1' を同時に ON とすることで作られる。なお負荷は一般に誘導性のリアクタンス（＝コイル）成分を含むため負荷電流が途切れることがなく連続して流れるようにする配慮が必要である。すなわち図 1.1 で上下に配置された S1 と S1' の組み合わせや S2 と S2' の組み合わ

〔表 1.1〕電力変換器の直流（DC）と交流（AC）に着目した分類

変換方式	名称（具体的な装置）
DC → DC	DC/DC コンバータ（チョッパー）
DC → AC	**逆変換装置（インバータ）**
AC → DC	**順変換装置（整流器、コンバータ）**
AC → AC	（マトリクスコンバータ）

せをレグというが、レグ内ではどちらか一方が常にONになっていなくてはならない。どちらもOFFの状態、またどちらもONの状態も作ってはならない。どちらもOFFにすると負荷電流が切れる瞬間に、コイルに発生する高電圧の誘導起電力がスイッチに印可されてスイッチに損傷を及ぼすし、レグ内どちらもがONとなると電源Eが短絡され大きな電流が流れて、電源やスイッチに損傷を及ぼす。このようなスイッチの入れ方は絶対に行ってはならない。

　ここで説明したインバータは出力電圧波形が長方形であることから方形波インバータといわれている。

1.2　半導体スイッチングデバイスの分類

　実際のインバータでは各スイッチは、数百から10万Hz (100kHz) 位でON、OFFを繰り返すので図1.1で示したような機械接点ではなく、高速なスイッチングが可能な電力用半導体素子が使用される。表1.2に代表的なものを示す。

1.3　ダイオード

　図1.2にダイオードの基本構造と記号を示す。ダイオードはp型半導体とn型半導体の接合面で整流作用を示す。一般的に電流はp型からn

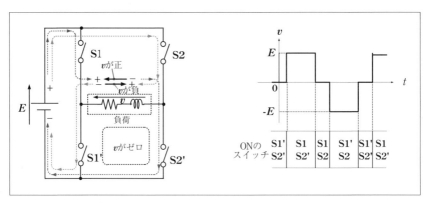

〔図1.1〕単相インバータの基本回路とスイッチの切りかえ

型の方にのみ流れる。端子記号のAは陽極（Anode）、またKは陰極（Cathode）を表している。また、図1.3で示される静特性を見ると、順

〔表1.2〕電力用半導体素子の分類

分類	意味	代表的な素子
非可制御半導体素子	印可電圧の極性でON、OFFが決まる。	ダイオード
オン機能可制御半導体素子	OFF状態からON状態の切り替えは制御できるが、一旦ONになると電源の極性が反転するまでOFFにはならない。	SCR（サイリスタ）
オンオフ機能可制御半導体素子	OFFからON、ONからOFFへのいずれも切り替えとも自由にできる。	IGBT, MOS-FET

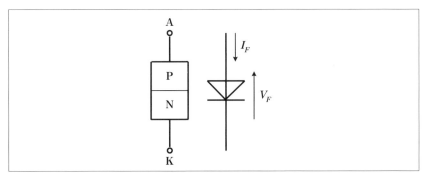

〔図1.2〕ダイオードの基本構造と記号

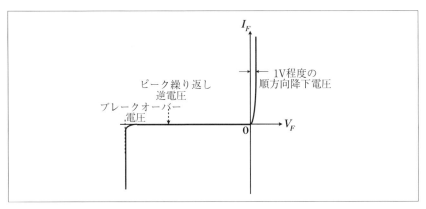

〔図1.3〕ダイオードの静特性

方向の電圧降下 V_F は 1V 程度ある。大きな順方向電流 I_F が流れると損失(=熱)が I_F に比例して接合面から発生することに注意が必要である。また、素子の選定にあたっては、電源電圧や回路条件から判明したダイオードに実際にかかる逆方向電圧が、データ表で確認できるピーク繰り返し逆電圧以下に収まっている必要がある。

　また、ダイオードでも過渡特性が存在することは忘れてはならない。それは順方向から逆方向に切り替わるときの、カソードからアノードに向かって流れる逆素子回復電流である。図1.4で示す過渡特性において、逆素子回復電流が流れる期間 t_{rr} を逆回復時間、I_{RM} を逆回復電流のピーク値という。図1.4には陽極－陰極間の電圧も示されている。逆回復電流ピークの時点で、接合面を越えて入り込んでいた小数キャリアの掃き出しが完了して空乏層が確立されていく。空乏層は、PN接合面からPN双方にできる多数キャリアーがなくなった層であり、N側空乏層は正に帯電し、P側空乏層は負に帯電してちょうど平行平板キャパシタの極板の電荷が空乏層に分布した格好になっている。

1.4　半導体スイッチングデバイス　IGBT

　現在、中小容量のインバータに主に使用されている半導体スイッチン

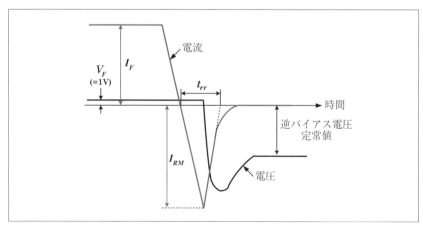

〔図1.4〕ダイオードの逆阻止回復時の過渡特性

グデバイスは IGBT（Insulated Gate Bipolar Transistor）である。その記号は図 1.5 右側に示す通りであり、確かにゲート端子（G：Gate）はコレクタ端子（C：Collector）やエミッタ端子（E：Emitter）とはキャパシタのように絶縁されている。この素子の特徴は、(1) コレクターエミッタ間に形成される半導体スイッチの入り切りがゲート電圧を正（+15V）にするか、負（-10V）にするかで制御できる。(2) このゲート駆動が電圧駆動であり時定数の小さい CR 充電回路のように行われるため所要電力が小さい (3) 大容量で数十 kHz までのスイッチングができる。(4) 順方向降下（スイッチ ON 時の V_{CE}）は低く、耐圧（V_{GE}=-10[V] にしておけば V_{CE} を大きくしても順電流を流さない能力）が高い。

　図 1.5 を見ると、トランジスタに並列に、トランジスタの下向きとは逆の上方向に電流が流れるダイオードが接続されている。この逆並列のダイオードは寄生ダイオードであり、構造上切り離しのできないものである。このダイオードは、この図で常に上向きの電流を流す特性をIGBT に与えている。図 1.6 には、図 1.1 で示した方形波インバータを実際に 4 個の IGBT で構成したときに、各期間でどの素子に電流が流れるかを示している。図 1.6 に示す通り、負荷電圧と負荷電流の符号が互いに異なる期間が存在する誘導性負荷に対しても、問題なく電流が供給できるのは、このダイオードのお陰である。この寄生ダイオードのようにコイルに蓄えられたエネルギーを電源に戻す際の電流経路を作るダイオ

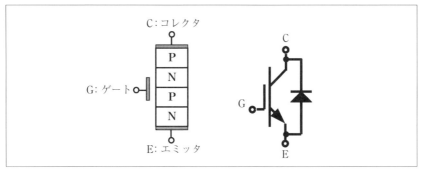

〔図 1.5〕IGBT の基本構造と記号

ードを帰還ダイオードという。

　以下、詳細に図1.6の説明をしよう。モードⅠでは、各レグのいずれも下側のIGBT S1'とS2'のゲートにON信号が与えられている。直流電源Eは負荷から切り離されて、$L \rightarrow R \rightarrow S1' \rightarrow D2'$の経路で左回りの電流、負荷からみると負の電流（左向き）が流れている。S2'にはゲート信号が印可されるものの、流れる電流は阻止方向なのでその信号は無効となっている。無効となってもIGBT素子には何ら問題は起こらない。否、むしろモードⅢで速やかに電流が立ち上がって行くには、モードⅠの始まりの時点でON信号を与えておくべきである。なお、電源Eが切り離されても電流が流れるのはLに蓄えられていた電磁エネルギーから抵抗に電力が供給されるからである。このときのダイオードD2'を還流ダイオードという。

　モードⅡはIGBT S1'のゲート信号がOFF状態とされ、一方IGBT S1のゲート信号がON状態にされることで始まる。負荷電流の向きが依然として負であるとすると電流は、電源$E \rightarrow D2' \rightarrow L \rightarrow R \rightarrow D1 \rightarrow$電源$E$の経路で左回りに流れる。S1にはゲート信号が印可されるものの、流れる電流は阻止方向なので無効となっている。このモードではLに蓄えられている電磁エネルギーは抵抗Rで消費されるばかりではなく電源に戻されている。その結果電流は急激にゼロになる。

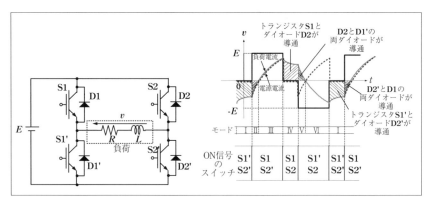

〔図1.6〕IGBTを用いた単相インバータと寄生ダイオードの電流

電流がゼロになるとモードⅢが始まる。電流がゼロになる直後にはコイルの誘導起電力もゼロとなるので、電源電圧 E は IGBT S1 と IGBT S2'で分圧される。分圧された電圧は両 IGBT にとって順バイアス電圧であり、さらにゲート信号もすでに印可されているので直ちに順方向電流が流れ始め、電流は指数関数的に増加する。モードⅢでは電流は電源 E →S1→R→L→S2'→電源 E の経路で右回りに流れる。負荷電流は正（＝右向き）である

モードⅣは IGBT S2'のゲート信号が OFF 状態とされ、一方 IGBT S2 のゲート信号が ON 状態にされることで始まる。L→D2→S1→R の経路で左回りの電流、負荷からみると正の電流（右向き）が流れ続ける。S2 にはゲート信号が印可されるものの、流れる電流は阻止方向なのでこのゲート信号は無効となっている。このときダイオード D2 が還流ダイオードとなっている。モードⅣではモードⅠと同様に直流電源 E は負荷から切り離されている。

モードⅤは IGBT S1 のゲート信号が OFF 状態とされ、一方 IGBT S1' のゲート信号が ON 状態にされることで始まる。負荷電流の向きが依然として正であるとすると電流は、電源 E → D1'→ R → L → D2 →電源 E の経路で左回りに流れる。S1'にはゲート信号が印可されるものの、流れる電流は阻止方向なので無効となっている。このモードでは L に蓄えられている電磁エネルギーは抵抗 R で消費されるばかりではなく電源 E に戻されている。その結果電流は急激にゼロになる。

電流がゼロになるとモードⅥが始まる。電流がゼロになる直後にはコイルの誘導起電力もゼロとなるので、電源電圧 E は IGBT S2 と IGBT S1'で分圧される。これらの電圧は両 IGBT にとって順バイアス電圧であり、さらにゲート信号もすでに印可されているので直ちに順方向電流が流れ始め、電流は指数関数的に増加する。モードⅥでは電流は電源 E →S2→L→R→S1'→電源 E の経路で右回りに流れる。負荷電流は負（＝左向き）である。

1．5　半導体スイッチングデバイス　MOS-FET

　MOS-FET（Metal Oxide Semiconductor - Field Effect Transistor）は、半導体パワースイッチングデバイスとしてIGBTの次によく使用されている。半導体スイッチは、ドレイン（D：Drain）-ソース（S：Source）間に形成される。その特徴は以下の通りである。(1) 少数キャリアの蓄積効果がないため本質的に高速スイッチングができる。(2) IGBTと同様に、ゲート駆動が電圧源で行われるのでその電力が小さい。(3) ユニポーラーデバイスのため伝導度変調が起こらず、高耐圧デバイスにおいては順方向降下電圧（ON電圧）が大きい。(4) 中小容量で数百kHzまでのスイッチングができる。

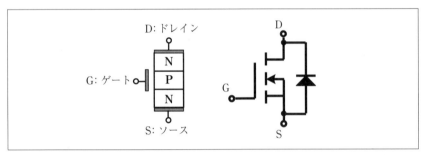

〔図1.7〕MOS-FETの基本構造と記号

第2章
単相インバータ

負荷への印加電圧波形を図 1.1 や図 1.6 で示した方形波ではなく、理想的な交流である正弦波に近づけるようにするための手法が本章で述べるパルス幅変調（PWM：Pulse Width Modulation）である。

２．１　ユニポーラ式 PWM

　早速 PWM 波形作成の基本的な考え方を図 2.1 で示そう。まず、時間を等間隔 T_s（PWM 周期やサンプリング周期という）で区切って、①理想の出力電圧（= 正弦波）の期間中点の値 v_k（k=1,2,3…）を高さとした②等価階段波を考える。次にパルス幅 T_{on} を $T_{on}=v_k\div E\times T_s$ から計算して③PWM 出力波形を得ている。ここで E は直流電源電圧の大きさである。また T_S 内のパルス面積と階段の面積とは、$E\times T_{on}=v_k\times T_s$ が成り立っているので等しいことに注意されたい。結局、区切られた各期間毎に、PWM 出力波形の平均値を期間中点の正弦波の値に一致させることで擬似的に正弦波を作り出したわけである。

　本項で述べたスイッチング方式では、負荷電圧 v は +E、0、-E の三通りの値を取り、スイッチング前後の負荷電圧変化の大きさは E に抑制されている。そして負荷電圧をゼロとするには、図 2.2 において左右のレグの上側同士もしくは下側同士の半導体スイッチを導通させればよかった。図 2.1 のように負荷電圧 v=0 の期間も作られている方式をユニ

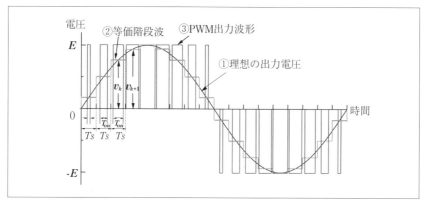

〔図 2.1〕単相インバータの PWM 波形：ユニポーラ方式

ポーラ方式という。

2.2 三角波比較法によるユニポーラ方式 PWM

本項ではユニポーラ方式 PWM を実現する一手法を示す。

まず図 2.3 において、正の半周期は S1 が ON 状態を継続し、一方負の半周期は S1' が ON 状態を継続する。そして S2 と S2' は頻繁に ON、OFF を繰り返して所要の電圧が得るのがここで取り上げるユニポーラ方式の特徴である。

図 2.4 (a) は、負荷電圧 v が $+E$ の正の半周期のときのスイッチング

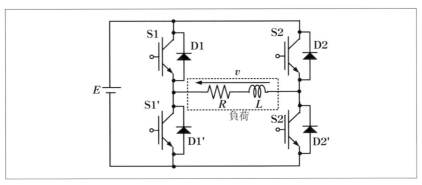

〔図 2.2〕単相 PWM インバータ

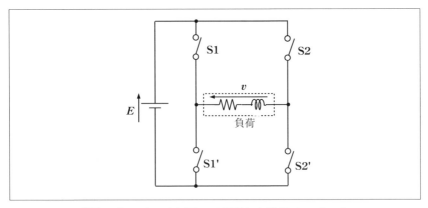

〔図 2.3〕スイッチを用いて表現した単相インバータ

方法を示している。信号波 v_s を三角波 v_c と比較して、$v_s > v_c$ のときに S2' を ON にして $v = E$ としている。そして $v_s < v_c$ のときには S2 を ON にして $v = 0$ としている。このとき三角波の周期毎に算出される v の平均値は $\bar{v} = (v_s/V_{cp}) \cdot E$ となる。V_{cp} は三角波のピーク値である。したがって信号波を、$v_s = (\bar{v}/E) \cdot V_{cp}$ のようにあらかじめ設定しておく必要がある。

図 2.4（b）には、負荷電圧 v が負の半周期でのスイッチング方法を示している。左側のレグでは S1' が、半周期間 ON 状態を継続させる。一方右側のレグでは、信号波 v_s を三角波 v_c と比較して、$v_s < v_c$ のときに

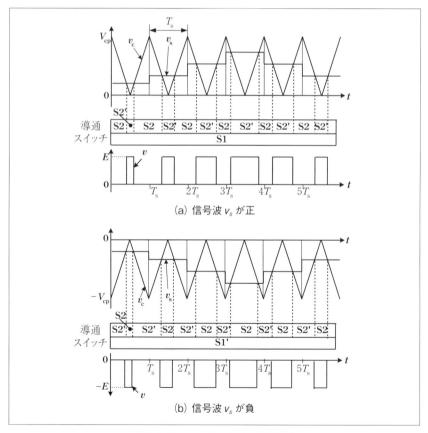

〔図 2.4〕ユニポーラ方式 PWM

S2 を ON にして $v=-E$ としている。そして $v_s>v_c$ のときには S2' を ON にして $v=0$ としている。このとき v の三角波の周期毎に算出される平均値は $\bar{v}=(v_s/V_{cp})\cdot E$ となる。したがって信号波は、正の半周期間と同じように $v_s=(\bar{v}/E)\cdot V_{cp}$ とあらかじめ設定しておけばよい。

2.3　三角波比較法によるバイポーラ方式 PWM

　もう一つのスイッチング方式に図 2.5 に示すバイポーラ方式がある。負荷電圧を $+E$、$-E$ の二つの値のいずれかのみとする方式である。この方式では図 2.3 の左右のレグの上側同士もしくは下側同士の半導体スイッチを導通させることはしない。もっぱら対角線の位置にある S1 と S2' あるいは S2 と S1' に同時に ON 信号を送るスイッチングパターンが使われる。したがってスイッチング前後の負荷電圧変化の大きさは 2E となり、負荷のモータの絶縁劣化や PWM に起因する電流の脈動分が 2 倍の振幅になってしまうという問題が起きる。

　ここで、バイポーラ方式 PWM を実現する方法を説明しよう。PWM 波形を実際に生成するには、DSP 等による信号波 v_s の演算とアナログやデジタルの比較回路を用いたスイッチタイミング決定回路とが必要で

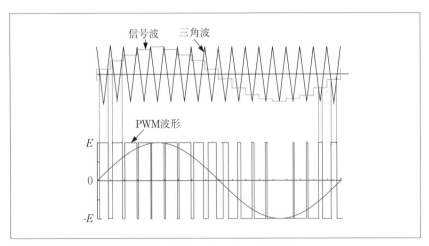

〔図 2.5〕バイポーラ方式 PWM

ある。すなわち図 2.6 に示す通り、信号波 v_s と三角波キャリア v_c との比較を比較器で行い、比較器が $v_s < v_c$ と判定した期間では負荷印可電圧を $-E$、となるように図 2.3 のスイッチ S1' と S2 を ON にする。

また一方、比較器が $v_s > v_c$ と判定したときには負荷印可電圧を $+E$ とするように図 2.3 の S1 と S2' を ON にする。

このようにしたときに半 PWM 周期 $0.5T_S$ での負荷印可電圧の平均を考えると、

$$\bar{v} = \frac{E \times T_P - E \times (T_S/2 - T_P)}{T_S/2} = \frac{E \times (2T_P - T_S/2)}{T_S/2}$$

となる。

ここで、上式に

$$T_P = \frac{T_S}{4} \cdot (1 + v_S/V_{cp})$$

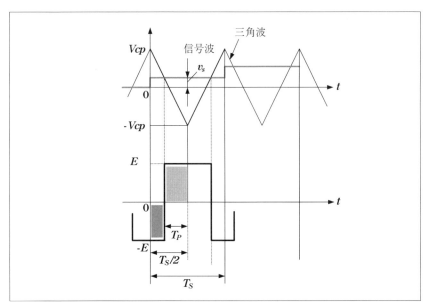

〔図 2.6〕バイポーラ方式 PWM の平均出力電圧

を代入すると、以下の(2.1)式を得る。

$$\bar{v} = \frac{E \times \{2 \cdot \frac{T_S}{4} \cdot (1 + v_S/V_{cp}) - T_S/2\}}{T_S/2} = E \frac{v_S}{V_{cp}} \quad \cdots\cdots\cdots\cdots \quad (2.1)$$

この、PWM周期毎の交流出力の平均値 $\bar{v}$ は信号波の振幅 v_s に比例するという結果は、ユニポーラ方式と全く等しい。

2.4 直流入力電圧の作り方

本項では、図2.3等に示されているインバータ入力側の直流電源 E について述べる。直流電源は、電力会社から供給されていないので、図2.7に示す通り三相交流電圧をダイオードブリッジで全波整流して得るのが一般的である。

ダイオードブリッジを構成する6個のダイオードを、今上側3個のp群(1,3,5)と下側3個(2,4,6)のn群に分ける。ここでp群の役割は三相電源 v_u、v_v、v_w のうちで一番電位が高い相を直流出力側のp点に接続することである。たとえば図2.8の電気角30[deg]から150[deg]の電源1/3周期の期間では v_u が三つの相電圧のうちで最も電位が高いので1のダイオードのみが導通する。このとき3と5のダイオードには、それぞれ v_{vu} と v_{wu} の負の電圧、すなわち逆バイアス電圧が印加されて自ずとOFF状態とされている。一方n群の役割は三相電源 v_u、v_v、v_w のうち

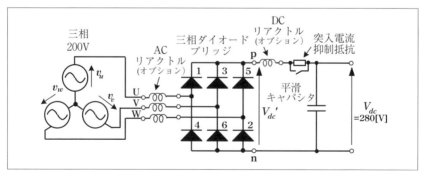

〔図2.7〕インバータの直流電源の回路

で一番電位が低い相をn点に接続することである。たとえば図2.8の電気角90[deg]から210[deg]の電源1/3周期の期間ではv_wが三つの相電圧のうちで最も低いので2のダイオードだけが導通する。このとき4と6のダイオードには、それぞれv_{wu}とv_{wv}の負の電圧、すなわち逆バイアス電圧が印加されて自ずとOFF状態とされている。

結局、P点の電位は図2.8のv_u、v_v、v_wの山のほうらく線をえどった曲線で変化し、一方n点の電位は図2.8のv_u、v_v、v_wの谷のほうらく線をえどった曲線で変化する。今、電気角30[deg]から90[deg]の電源1/6周期の期間における直流出力電圧$V_{dc}'=v_p-v_n=v_u-v_v=v_{uv}$となる。他の期間の$V_{dc}'$も考えると、図2.8に示すように、電源周波数の6倍のリップル周波数成分を持つ脈動波形となることがわかる。この直流電圧の脈動分を取り除くため直流出力端子には平滑キャパシタが接続される。

しかし平滑キャパシタは、交流側の入力電流を正弦波電流からかけ離れたひずみ波電流としてしまうという大問題も発生させる。すなわち平滑キャパシタ電圧V_{dc}以上にV_{dc}'がなっているときだけ、パルス充電電流

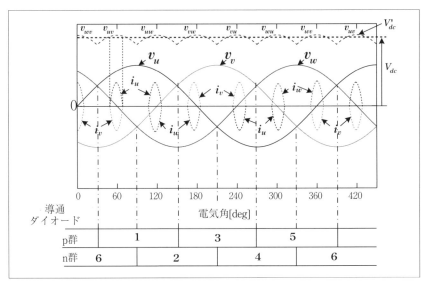

〔図2.8〕電源電流がウサギの耳波形になる理由

が三相のうち2相だけに流れる。この電流はいわゆる「ウサギの耳」と言われるもので、基本波の他に、$6n±1$次(ここでnは自然数であるから、5次,7次,11次,13次,17次,19次,…)の高調波成分を含んでいる。

総合高調波ひずみ率(Total Harmonic Distortion Ratio:THD)は、(2.2)式で示す通り、高調波成分の実効値を基本波成分の実効値で除した値であるが、図2.7にあるオプションのDCリアクトルやACリアクトルを接続しない場合には40%以上になる。図2.9は、ACリアクトルを接続したときの電源電圧と電源相電流のオシログラフである。ウサギの耳がくっついた状態にされているものの、電流THDは43%である。

$$\mathrm{THD} = \sqrt{I_5^2 + I_7^2 + I_{11}^2 + I_{13}^2 + I_{17}^2 \cdots}\Big/I_1 \quad \cdots\cdots\cdots\cdots\cdots (2.2)$$

このように、オプションを取り付けても、電源相電流のTHDを規定の5%以下にはできない。規定を満たそうとすると、図2.10に示す12パルス整流回路を採用し、これにLCフィルタを取り付ける必要がある。

12パルス整流回路は三相変圧器2次側にΔ接続とY接続の二組の巻線も持つ。これは位相が30°ずれた二次側線間電圧を得るためでΔ接続

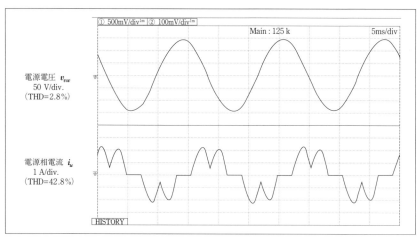

〔図2.9〕ウサギの耳波形の電流

の方が遅れている。なお、2次側巻数は二次側線間電圧を同じ値とするために Δ 接続の方を Y 接続の $\sqrt{3}$ 倍としている。12 パルス整流回路を採用することで、変圧器の 1 次巻線電流すなわち電源電流には第 5 次と 7 次の高調波成分は含まれず、波形は図 2.11 に示すように正弦波に近づけられる他、直流出力電圧の脈動周波数が電源周波数の 12 倍となるので平滑キャパシタの容量が低減できる。なお、12 パルス整流回路には図 2.10 で示したダイオードブリッジの直流側電圧が足しあわされる直

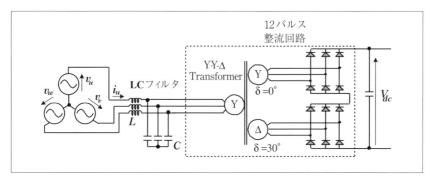

〔図 2.10〕12 パルス整流回路（直列型）

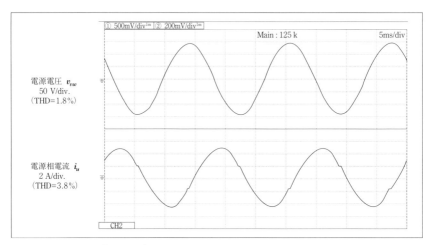

〔図 2.11〕12 パルス整流回路の電源電流波形

列型と、直流側が並列にされる図 2.12 のような並列型とがありどちらもよく利用されている。

さらに、THD を 2% 以下にするには、第 7 章で述べる系統連系インバータが双方向に電力変換ができる特性を生かして、これを AC → DC の変換を行わせるような使い方をさせればよい。この AC → DC 変換を順変換すなわちコンバータ動作というので、装置名称は三相 PWM コンバータとなる。三相 PWM コンバータの主回路を図 2.13、また写真を図 2.14 に示す。制御方法は第 7 章を参照してほしい。

[演習 2.1]
　図 2.12 の並列型 12 パルス整流回路の直流出力に R-L 直列負荷を接続する。LC フィルタを取り除き、また変圧器の漏れリアクタンスをゼロ

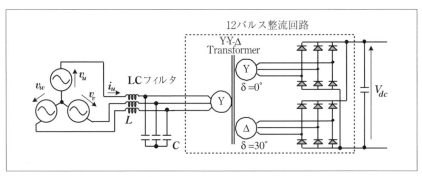

〔図 2.12〕12 パルス整流回路（並列型）

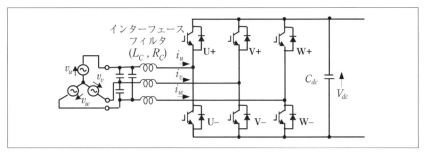

〔図 2.13〕三相 PWM コンバータ

としたとき変圧器2次側のY接続とΔ接続の相電流 i_{U_2Y} と $i_{UV\_3\Delta}$、さらに1次側の相電流 i_{U_1Y} の波形を示せ。ただし直流出力電流を I_{dc}、変圧器の巻数比を 1:1:√3 とする。さらに、各電流の第7調波までの周波数成分を求めよ。

[解]

図2.15に示す波形から、変圧器2次側各電流の第7調波までのフーリエ級数展開は以下の通り求められる。

$$i_{U\_2Y} = \frac{4}{\pi} \cdot I_{dc} \{\int_{\pi/4}^{5\pi/12} \sin\theta \, d\theta \cdot \sin\theta + \int_{\pi/4}^{5\pi/12} \sin 5\theta \, d\theta \cdot \sin 5\theta + \int_{\pi/4}^{5\pi/12} \sin 7\theta \, d\theta \cdot \sin 7\theta\}$$

$$= \frac{4}{\pi} \cdot I_{dc} \{[-\cos\theta]_{45°}^{75°} \cdot \sin\theta + [-\frac{1}{5}\cos 5\theta]_{45°}^{75°} \cdot \sin 5\theta + [-\frac{1}{7}\cos 7\theta]_{45°}^{75°} \cdot \sin 7\theta\}$$

$$= \frac{4}{\pi} \cdot I_{dc} (0.4483 \cdot \sin\theta - 0.3346 \cdot \sin 5\theta + 0.2390 \cdot \sin 7\theta) \quad \cdots (2.3)$$

$i_{UV\_3\Delta}$ の基本波成分 a_1 は、以下の積分で算出される。

$$a_1 = \frac{4}{\pi} \cdot I_{dc} \{\frac{1}{3}\int_{\pi/12}^{\pi/4} \sin\theta \, d\theta + \frac{2}{3}\int_{5\pi/12}^{\pi/2} \sin\theta \, d\theta\} = \frac{4}{\pi} \cdot I_{dc} \cdot 0.2588$$

他の成分も計算して第7調波までのフーリエ級数展開を求めると(2.4)式が得られる。なお三相の整流回路の入力電流には $(6n \pm 1) \times$ 電源

〔図2.14〕PWM コンバータ（安川電機製、200V、15kW）

周波数の高調波成分が含まれる。ただし n は自然数で、5, 7, 11, 13, 17, 19, …の成分となる。

$$i_{UV\_3\Delta} = \frac{4}{\pi} \cdot I_{dc} (0.2588 \cdot \sin\theta + 0.1932 \cdot \sin 5\theta - 0.1380 \cdot \sin 7\theta) \quad (2.4)$$

次に１次側の相電流 i_{U_1Y} の第７調波までのフーリエ級数展開は (2.3) 式、(2.4) 式を使って以下の通り求められる。

$$\begin{aligned} i_{U\_1Y} &= \frac{4}{\pi} \cdot I_{dc} (0.4483 \cdot \sin\theta - 0.3346 \cdot \sin 5\theta + 0.2390 \cdot \sin 7\theta) \\ &\quad + \sqrt{3} \cdot \frac{4}{\pi} \cdot I_{dc} (0.2588 \cdot \sin\theta + 0.1932 \cdot \sin 5\theta - 0.1380 \cdot \sin 7\theta) \\ &= \frac{4}{\pi} \cdot I_{dc} \cdot 0.8965 \cdot \sin\theta \quad\quad\quad \cdots (2.5) \end{aligned}$$

(2.5) 式から、第５調波と第７調は、１次側の相電流 i_{U_1Y} には含まれないことが確認できる。また基本波の大きさを用いて、整流回路入力側

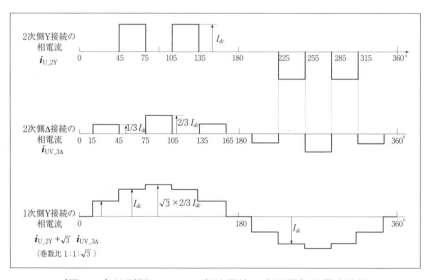

〔図 2.15〕並列型 12 パルス整流回路の変圧器各相電流波形
（漏れリアクタンスゼロ、フィルタなし）

の交流電力を (2.6) 式のように算出すると、(2.7) 式のように求められる出力側の直流電力に等しいことが確認できる。

入力側の交流電力

$$= \sqrt{3} \cdot V_l \cdot I_l = \sqrt{3} \cdot V_l \cdot \frac{1}{\sqrt{2}} \frac{4}{\pi} \cdot I_{dc} \cdot 0.8965 = 1.398 \cdot V_l \cdot I_{dc}$$

$$\cdots (2.6)$$

出力側の直流電力

$$= \frac{6}{\pi} \int_{-\pi/12}^{\pi/12} \sqrt{2} \cdot V_l \cdot \cos\theta \, d\theta \cdot I_{dc} = \frac{12\sqrt{2}}{\pi} \cdot V_l \cdot \sin 15° \cdot I_{dc} = 1.398 V_l \cdot I_{dc}$$

$$\cdots (2.7)$$

図 2.16 に、実験波形を示す。変圧器に漏れリアクタンスがあり、電源側に LC フィルタを接続しているので、電流波形はステップ状の変化はしていない。

[コラム 2.1] 三相電源の接地方式

インバータの直流電源は、三相交流電源を全波整流して得ている。ここで三相交流電源の接地について述べよう。低圧三相交流電源の線間電

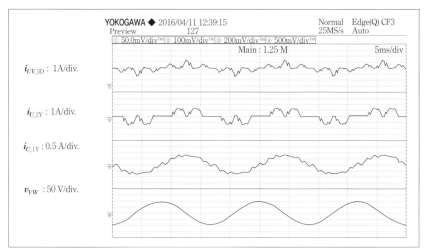

〔図 2.16〕並列型 12 パルス整流回路の変圧器各相電流波形

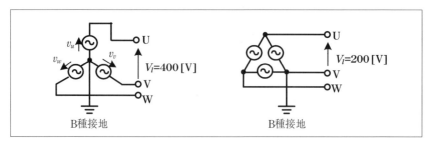

〔図2.17〕低圧三相電源の接地

圧は400[V]と200[V]の場合がある。それぞれ図2.17の通り、B種接地工事がなされている。

　これらの交流電圧を整流して直流電圧を得ている場合、12パルス整流回路のように変圧器でガルバノ絶縁がなされている場合を除いて直流側の接地はできない。

第3章
三相インバータ

直流電圧から可変電圧可変周波数の三相交流電圧を得る装置が三相インバータである。一見すると三相交流は、単相交流より複雑に見えるが、瞬時電力が常に一定という特徴があり三相インバータの制御は難しくはない。

3.1　初歩的な三相インバータ（=6ステップインバータ）

　図3.1が三相インバータの主回路である。半導体スイッチングデバイスは、ここではInsulated Gate Bipolar Transistor（IGBT）が使用されている。直流電源電圧V_{dc}は前章で述べた通り、一般に交流電圧をダイオード整流回路で整流し、フィルタを通して供給されることからほぼ一定に保たれている。理解を容易にするために、直流入力電圧V_{dc}をキャパシタ等で2分割しその中点を電位の基準としている。（実際の装置ではV_{dc}は分割されていない。）

　図3.2には、スイッチングが最も簡単な6ステップインバータの動作波形を示している。このインバータでは、i) に示す通りU+からW−の

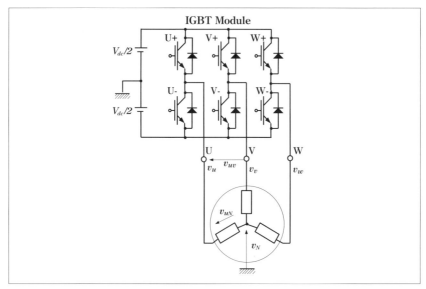

〔図3.1〕三相インバータの主回路

第3章 三相インバータ

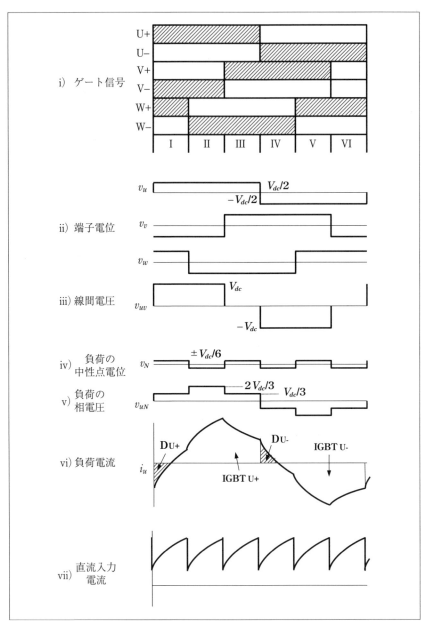

〔図3.2〕三相6ステップインバータの動作波形

6個のスイッチは互いに位相をずらしながら、出力周波数の半周期間 ON にされる。ハッチングを施した部分が ON、空白期間は OFF を表す。その際の ii) 各端子電位 v_u、v_v、v_w、iii) 線間（端子間）電圧 $v_{uv}=v_u-v_v$、iv) 負荷の中性点電位 v_N、v) 負荷の相電圧 $v_{uN}=v_u-v_N$、vi) 負荷電流 i_u、vii) 直流側入力電流の各波形を示している。中性点電位は、重ね合わせの理から負荷が三相平衡しているときには、式 $v_N=(v_u+v_v+v_w)/3$ を使って算出できる。平衡負荷に一般の商用周波数の三相交流が供給された場合には $v_N=0$ となるのとは異なり、振幅は $V_{dc}/6$、周波数は出力周波数の 3 倍の方形波電圧となってしまうことに注意を要する。

また、6 ステップの名前は v) の負荷の相電圧波形 v_{uN} を見ると、1 周期の間に 6 段（＝ステップ）観測されることに由来している。

ここで、vi) の負荷電流の波形には多くの高調波成分が含まれひずみが大きく、誘導機を駆動した場合には、回転はするものの、騒音の発生や発熱などの問題が生じてしまう。

そこで、負荷への印加電圧を 6 ステップ波形ではなく、ひずみの少ない正弦波に近づけるようにすべきである。さらに、AC サーボモータでは高速かつ高精度の応答を得るために瞬時トルクを制御しなければならないから、過渡時も含め、任意の電流を流すことのできるように出力電圧を精密に制御すべきである。そこでこれらの課題に対応するために考え出された手法が三相 PWM である。

三相 PWM も、前節の単相 PWM と同じく時間を等間隔で区切って、区切られた各期間の平均値を期間中点の正弦波の値と一致させることで擬似的に正弦波交流電圧波形を作り出している。

3．2　三相 PWM の手法

PWM は、擬似的に正弦波交流を作るための手法であるが、主に以下の 3 種類が使われてきた。

(1) 三角波キャリアー比較方式

古くから使用されている。基本的に 2.3 節で述べた三角波比較法によるバイポーラ方式 PWM であり各相出力の相電位は，$+V_{dc}/2$ か、$-V_{dc}/2$

のいずれかとなる。三相なので、図3.3 (a) に示す通り三角波キャリアー信号波は共通でこれと各相分の信号波を3個の比較器に入力してやれば三相各相毎のPWM信号が得られる。PWM周波数（＝三角波キャリア周波数）を出力周波数の9倍としたときの各部の電圧波形を図3.3 (b) に示す。v_u、v_v 等の相電圧のパルス周波数はPWM周波数と等しいが、$v_{uv}(=v_u-v_v)$ 等の線間電圧のパルス周波数は、PWM周波数の2倍となっている点に注目されたい。これは三相PWMインバータの特徴であり、3.5節で述べる空間ベクトル変調方式PWMで得られる出力線間電圧でも成り立っていることである。

　インバータから出力される三相交流電圧の線間電圧実効値は、直流入力電圧の大きさを V_{dc} としたとき、最大で相電圧の実効値 $V_{dc}/(2\sqrt{2})$ の $\sqrt{3}$ 倍で $0.615V_{dc}$ となる。後に述べる空間ベクトル変調方式のそれは $V_{dc}/\sqrt{2}=0.707V_{dc}$ であり、そちらの方が1.15倍の電圧が出力できる。

(2) ヒステリシス方式

　応答速度は速いもののスイッチング周波数が一定ではない。あまり使用されていない。

(3) 空間ベクトル変調方式

　　（Space Vector Pulse Width Modulation：SVPWM）

　空間ベクトル変調方式は、先に述べたように三角波キャリアー比較方式よりも1.15倍の出力電圧が得られることの他に、ここであげた三つ

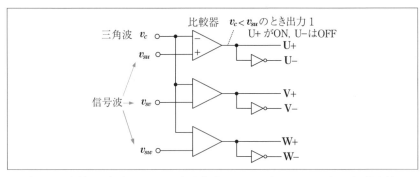

〔図3.3 (a)〕三角波キャリア比較方式による三相のPWM信号作成方法

の方式の中で最も高調波電流の発生が少ないという特徴も有するので、現在多くのインバータで採用されている。

3.3 瞬時空間ベクトルとは

本節では、空間ベクトル変調方式の説明の前に、その準備として瞬時空間ベクトルの解説を行う。まず空間電圧ベクトルとは、U、V、Wの三相量を平面上の一つのベクトルに置き換えたもので、(3.1) 式に示す通り各相のスカラー量 (瞬時値) に方向性を持たせて合成したものである。

$$v_c = \sqrt{\frac{2}{3}}(v_u + v_v e^{j\frac{2}{3}\pi} + v_w e^{-j\frac{2}{3}\pi}) \quad \cdots\cdots\cdots\cdots\cdots\cdots \quad (3.1)$$

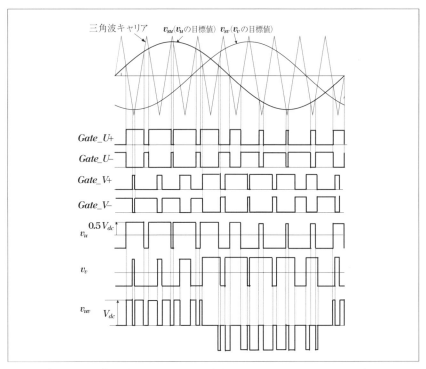

〔図 3.3 (b)〕三角波キャリア比較方式を採用した PWM 出力波形

(3.1) 式の計算を行うと、結果は $\alpha-\beta$ 静止座標軸上で示される。たとえば、図3.4 各相電圧の波形において電気角が30°の部分では、v_u、v_w は正負の同じ大きさを持っており、v_v は0である。U、V、Wの三相量は、それぞれ図3.5 に示す通り配置され、さらに空間電圧ベクトル v_c は v_u と v_w を合成して位相角30°の方向に求められる。なお v_w の位相が240°ではなく60°であるのは負であるからである。また空間電圧ベクトルの大きさが平行四辺形の対角線と一致していないのは、係数 $\sqrt{2/3}=0.8165$ を乗じるからである。大きさを計算すると、相電圧の最大値を1としたとき、$\cos 30° \times \sqrt{3} \times \sqrt{2/3} = \sqrt{3/2}$ となる。この値は三相交流の線間電圧実効

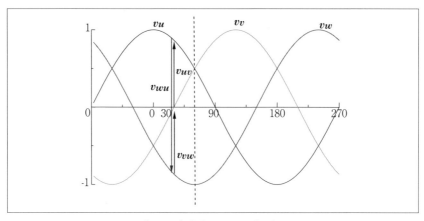

〔図3.4〕各相電圧の瞬時値

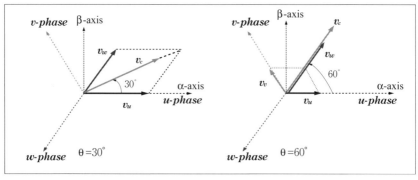

〔図3.5〕瞬時空間電圧ベクトル

値に他ならない。

　図3.5の右側には、電気角が60°のときの瞬時空間電圧ベクトルを示している。この時点での合成ベクトルの位相角は60°であり、また大きさは変わらず線間電圧実効値であることが確認できる。(∵ $(1+0.5) \times \sqrt{2/3} = \sqrt{3/2}$、1は V_w の大きさ、0.5 は $V_u + V_v$ を示している。正三角形の辺の長さはすべて等しいことから 0.5 となる。)

　一方電流の場合には、大きさは線電流実効値の $\sqrt{3}$ 倍となる。両者の大きさを掛け合わせると、$\sqrt{3} \times$ 線間電圧実効値 $\times$ 線電流実効値となるが、この積は三相皮相電力($= \sqrt{3} \times V_l \times I_l$)にちょうど一致する。したがって(3.1)式の変換を採用すれば、三相電力($= \sqrt{3} \times V_l \times I_l \times \cos\theta$)が電圧と電流の瞬時空間ベクトルの内積から求められる。θ は両ベクトルの位相差であるが、負荷の力率角に他ならない。

　結局、正弦波対称三相交流の瞬時空間ベクトルは α-β 静止座標軸上を、大きさが線間電圧の実効値、電流の場合には線電流実効値の $\sqrt{3}$ 倍の一定値で電源周波数と同じ回転数の等速円運動をすること、また定常時には u 相が最大値を示すとき瞬時空間ベクトルの位相はゼロ、すなわち α 軸上にあることがわかった。次節で述べるように空間電圧ベクトル方式 PWM ではこのような瞬時空間ベクトルに着目して半導体デバイスのスイッチング制御を行っている。

3.4　2レベルインバータの基本電圧ベクトル

　空間電圧ベクトル方式 PWM では、パワー半導体デバイスのスイッチングは以下のように行われる。まず、図3.6 の出力の相電位が 2 通りであることが名称の由来である、2レベルインバータが出力できる八つの電圧ベクトルについて説明する。なお、図3.6 では直流電源側の負側端子を電位の基準、ゼロ電位とする。これは空間ベクトルを考える場合には基準電位の取り方によらず求められる空間ベクトルに差異はないことによる。なお実際の装置で直流電源側の負側端子が接地できないことは、コラム2.1 で述べた通りである。

　上下の IGBT は同時に導通する(レグ短絡と言う。)ことは許されず、

いずれかを導通させる。図3.6 の U^+、V^+、W^+ が導通する場合を "1"、U^-、V^-、W^- が導通する場合を "0" で表すと、図3.7 でも示すように

 (1,0,0)：Sd1
 (1,1,0)：Sd2
 (0,1,0)：Sd3
 (0,1,1)：Sd4
 (0,0,1)：Sd5
 (1,0,1)：Sd6

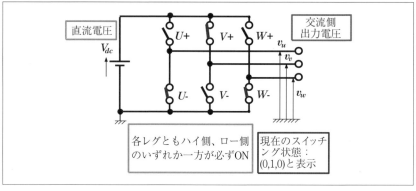

〔図3.6〕三相インバータのスイッチング状態

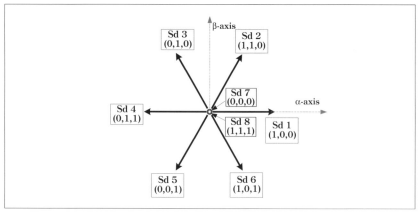

〔図3.7〕6個の基本ベクトルとゼロベクトル

(0,0,0):Sd7
(1,1,1):Sd8

8通り（=2³）の電圧ベクトルが作成できる。このうち(0,0,0) → U、V、W相の端子電位がいずれもゼロと (1,1,1) → U、V、W相の端子電位がいずれもV_{dc}（直流バス電圧）で同じ電位の状態では、(3.1)式で計算されるベクトルはいずれの場合もゼロとなる。これは、負荷に印可される線間電圧が実際に三相ともゼロであることを示している。そこで、この (0,0,0) と (1,1,1) をゼロ電圧ベクトルと呼び、残りの6個を基本電圧ベクトルと呼ぶことにする。

3.5 空間ベクトル変調方式 PWM

図3.8のSd1= (1,0,0) は、U^+、V^-、W^-を導通させた場合のベクトルであるが、合成ベクトルは (3.2) 式に示す通り、x軸の方向を向き、その大きさは$\sqrt{2/3}V_{dc}$である。

$$v_c = \sqrt{\frac{2}{3}}(V_{dc} + 0 \cdot e^{j\frac{2}{3}\pi} + 0 \cdot e^{-j\frac{2}{3}\pi}) = \sqrt{\frac{2}{3}}V_{dc} \quad \cdots\cdots\cdots\cdots\cdots\cdots (3.2)$$

また、Sd2= (1,1,0) は、U^+、V^+、W^-を導通させた場合のベクトルで、合成ベクトルは (3.3) 式に示す通りx軸から60°反時計周りに回転した

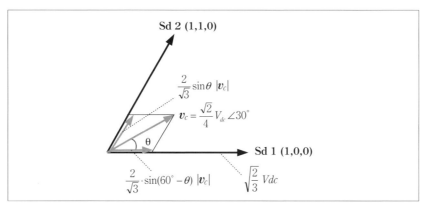

〔図3.8〕瞬時ベクトルの分解

方向を向く。大きさは、やはり $\sqrt{2/3}V_{dc}$ である。

$$v_c = \sqrt{\frac{2}{3}}(V_{dc} + V_{dc} \cdot e^{j\frac{2}{3}\pi} + 0 \cdot e^{-j\frac{2}{3}\pi}) = \sqrt{\frac{2}{3}}V_{dc} \cdot (1 + e^{j\frac{2}{3}\pi}) = \sqrt{\frac{2}{3}}V_{dc} \cdot e^{j\frac{\pi}{3}} \cdots (3.3)$$

今、図3.8の

$$v_c = \frac{\sqrt{2}}{4}V_{dc} \angle 30°$$

をサンプリング周期 T_S (=1/2PWM周期内) でインバータが出力すべき空間電圧ベクトルとしたとき空間ベクトル変調方式PWMによるインバータ出力電圧がどのように生成されるか具体的に示していこう。

まず、v_c をそれを挟んでいる二つの基本ベクトルの方向、ここではSd1とSd2の方向に分解する。θ を v_c とSd1のなす角としたとき、この分解ベクトルの大きさは図3.8に示した通り $2/\sqrt{3} \cdot \sin\theta \cdot |v_c|$ と $2/\sqrt{3} \cdot \sin(60° - \theta) \cdot |v_c|$ である。次に分解ベクトルの大きさを基本ベクトルの大きさ $\sqrt{2/3}V_{dc}$ で除した後、これにサンプリング周期 T_S (=制御周期) をかけたものを、両基本ベクトルの出力時間 T_1, T_2 とする。すなわち両分解ベクトルを T_S 間に渡って同時に継続出力することは不可能なので、代わりに両基本ベクトルを限られた時間だけ、電圧の大きさ×出力時間の積は変わらないようにして交代で出力しようというわけである。この考え方を等面積原理という。すなわち、

$$T_1 = \frac{2/\sqrt{3} \cdot \sin(60° - \theta) |v_c|}{\sqrt{2/3} \cdot V_{dc}} \cdot T_s = T_s \cdot M \cdot \sin(60° - \theta) = 0.25 \cdot T_s \quad (3.4)$$

$$T_2 = \frac{2/\sqrt{3} \cdot \sin\theta |v_c|}{\sqrt{2/3} \cdot V_{dc}} \cdot T_s = T_s \cdot M \cdot \sin\theta = 0.25 \cdot T_s \quad \cdots\cdots (3.5)$$

ここで M は変調率と言われる値であり、

$$M = \frac{|v_c|}{V_{dc}/\sqrt{2}} \quad\cdots\cdots\cdots\cdots\cdots\cdots\cdots\cdots\cdots\cdots\cdots\cdots (3.6)$$

と定義される。また一般に M は $0<M<1$ の範囲の値である。今の例では

$$M = \frac{(\sqrt{2}/4) \cdot V_{dc}}{V_{dc}/\sqrt{2}} = 0.5$$

である。

次に、ゼロ電圧ベクトル（Sd7、Sd8）の出力時間 T_0 は、T_S から二つの基本ベクトルの出力時間の合計を差し引いた後、これを2で割って求める。すなわち

$$T_0 = (T_s - T_1 - T_2)/2 = 0.25 \cdot T_s \quad \cdots\cdots\cdots\cdots\cdots\cdots\cdots\cdots\cdots\cdots \quad (3.7)$$

とする。

そしてゼロ電圧ベクトルをサンプリング周期の両端に T_0 の時間だけ配置することこそが、空間ベクトル変調PWMの一番の特徴であり、三角波キャリア比較変調方式では行うことができない操作である。

ここで、(3.4)式～(3.7)式で求まる出力時間に従い、各ベクトルを Sd8 → Sd2 → Sd1 → Sd7 → Sd1 → Sd2 → Sd8 の順で出力した場合の三相の各相端子電位、および線間電圧を描くと図3.9のようになり、PWMが実現されていることがわかる。すなわち、U相のIGBTのスイッチングは 1→1→1→0→1→1→1 となるので、U相の端子電位 V_u の波形は "1" の所では、V_{dc}（直流電源電圧）となり、"0" の所では電圧が0なので、図3.9の V_u のような波形となる。同様にV相の端子電位 V_v とW相の端子電位 V_w の波形を考えると、V相のIGBTのスイッチングは 1→1→0→0→0→1→1、また、W相のIGBTのスイッチングは 1→0→0→0→0→0→1 となるので、V相の端子電位 V_v とW相の端子電位 V_w の波形は図3.9の V_v と V_w のような波形となる。

この三相の端子電位波形より、U-V相間の線間電圧 V_{uv}、V-W相間の線間電圧 V_{vw}、W-U相間の線間電圧 V_{wu} を求めると図3.9の V_{uv}、V_{vw}、V_{wu} のような波形が得られる。

これらの平均値を考えると、最初の図3.4における電気角が30°の時点での各線間電圧の関係、すなわち V_{uv} と、V_{vw} が同じ正の値で V_{wu} は

絶対値が2倍の負の値ということが再現できたことがわかる。

図3.9の例では、Sd1、Sd2、Sd7、Sd8を出力する順番をSd8 → Sd2 → Sd1 → Sd7 → Sd1 → Sd2 → Sd8の順で出力したが、最初のSd1の後に二つあるゼロ電圧ベクトルの中からSd7を選択した理由は、スイッチング回数を少なくするためである。もし、Sd8を選択してしまいSd1 → Sd8とした場合を考えると、U相とW相で同時スイッチングが発生する。つまり、出力電圧ベクトル切り換え時のIGBTのスイッチングが2レグで起きてしまう。この場合のように同時に2相でスイッチングが起きるようなことをハミングの距離2のスイッチングという。これに対して、

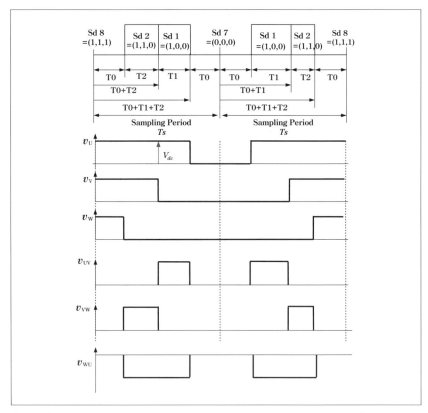

〔図3.9〕インバータ出力端の直流電源負側端子に対する電位と負荷の線間電圧波形

Sd1 → Sd7 だと、スイッチするのは U 相だけであり、ハミングの距離1のスイッチングが行える。また、PWM 周期の後半で Sd2 の後に Sd7 ではなく Sd8 を出力した理由も、前半と同様にハミングの距離を1とするためである。

Sd1 と Sd2 の両基本ベクトルは、制御周期の中央に隣接して配置されるが、どちらが先に来るかも現在まさに出力されているゼロ電圧ベクトルとのハミングの距離が1になるようにすることから決まる。

3.6　瞬時空間ベクトルから三相量への変換

本項では、三相2レベルインバータの PWM 出力電圧波形図3.9 から三相の出力相電圧を求める方法を述べる。出力相電圧を求めるには、図3.10 に示す通り、電源 V_{dc} のゼロ点に対するインバータ出力端および負荷中性点の電位をそれぞれ求めて、差をとればよい。図から求まる PWM 周期での平均値は、u 相、v 相、w 相の順番で、$0.25V_{dc}$、0、$-0.25V_{dc}$ となっている。

これらは瞬時空間ベクトルから三相量への逆変換公式(3.8)式(各相へのベクトル投影に絶対変換の係数 $\sqrt{2/3}$ をかけている)に元の題、

$$v_c = \frac{\sqrt{2}}{4} V_{dc} \angle 30°$$

すなわち

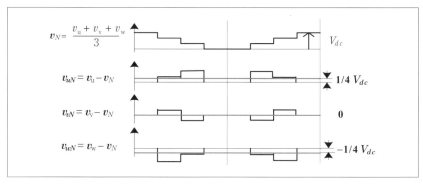

〔図3.10〕負荷の中性点電位と負荷の相電圧

$$|v_c| = \frac{\sqrt{2}}{4}V_{dc} 、 \theta = 30°$$

を代入して得られる結果に確かに一致している。

$$v_{uN} = \sqrt{\frac{2}{3}} |v_c|\cdot\cos\theta = \sqrt{\frac{2}{3}}\cdot\frac{\sqrt{2}}{4}\cdot V_{dc}\cdot\cos 30° = 0.25V_{dc}$$

$$v_{vN} = \sqrt{\frac{2}{3}} |v_c|\cdot\cos(\theta-120°) = \sqrt{\frac{2}{3}}\cdot\frac{\sqrt{2}}{4}\cdot V_{dc}\cdot\cos 90° = 0$$

$$v_{wN} = \sqrt{\frac{2}{3}} |v_c|\cdot\cos(\theta+120°) = \sqrt{\frac{2}{3}}\cdot\frac{\sqrt{2}}{4}\cdot V_{dc}\cdot\cos 150° = -0.25V_{dc}$$

$$\cdots (3.8)$$

ところで、図3.10に示されている負荷の中性点電位 v_N は、直流電源の中性点を基準電位で考えたとき振幅が $V_{dc}/2$、周波数がちょうどスイッチング周波数の6ステップ波形となっている。$V_{dc}/2$ の大きさは、図3.2の6ステップインバータの中性点電位振幅の3倍である。この中性点電位の変動は、電気回路ではコモンモード電圧（＝ゼロ相電圧）と言われるもので、インバータが引き起こす電磁障害（EMI：ElectroMagnetic Interference）の主要な原因となっている。電磁障害の抑制方法については第5章で述べている。

モータへのコモンモード電圧の影響も看過できない。商用電源で駆動したときに1次巻線の中性点電位はゼロに固定されているのに対して、インバータ駆動をすると、1次巻線の中性点電位 v_N が図3.10で示したように大きく変動する。このとき静電誘導でモータの軸の対地電位もゼロではない。モータ軸はベアリングを介して外枠に接続されているので，ベアリングの薄い油膜がついには絶縁破壊され、モータ軸→ベアリング→外箱→C種接地線やD種接地線と経由する地絡電流が流れて軸受け寿命が短くなる事態にまで至ることがある。

3.7 空間ベクトル変調方式PWMで出力できる電圧の大きさ

本節では、空間ベクトル変調方式PWMで出力できる電圧の大きさについて述べる。サンプリング周期は一定であるので普通はこの期間の中

心部分には二つの基本ベクトルを配置し、外側の余った時間にはゼロベクトルを入れて空間ベクトル変調PWMは行われている。

図3.11の正六角形は、中心と頂点の距離は基本ベクトルの大きさの$\sqrt{2/3}V_{dc}$となっており、この正六角形の辺上がゼロベクトルを出力しないでもっぱら基本ベクトルでサンプリング周期を埋めることで得られる出力可能な最大電圧ベクトルの軌跡である。位相によって出しうる電圧の大きさは変わっており、定常的に出しうる最大電圧はその内接円の半径ということになり、大きさは$V_{dc}/\sqrt{2}$である。この円周上では、(3.6)式の変調率Mは1である。

図3.11には、三角波比較方式で出力できる電圧の大きさが3.1節で述べたように空間ベクトル変調方式より小さい（$\sqrt{3}/2$=0.866倍）ことも示されている。

図3.12は、三相交流電圧の位相角ゼロの時点（相電圧v_uが正の最大）を取り上げて、両変調方式が定常時に出しうる最大の出力電圧波形の比較をしたものである。線間電圧v_{uv}、v_{uw}のサンプリング周期T_Sにおける平均値を計算すると(a)の方が$0.5V_{dc}-(-0.25V_{dc})=0.75V_{dc}$、一方(b)の方は$0.866V_{dc}$となっており、この図からも(a)は(b)の0.75/0.866=0.866倍の電圧しか出力できないことが確認できる。

三角波比較変調方式には、負荷中性点の電位変動がサンプル周期毎の平均でみたときには常にゼロにされている、すなわち直流電源の中性点

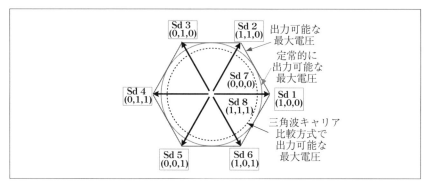

〔図3.11〕出力できる電圧の大きさ

第3章 三相インバータ

と同電位に保たれているという特徴がある。これに対して空間ベクトル変調方式では出力電圧周波数の3倍の周波数で変動しており、その振幅は変調率 M に比例している。

ここで、中性点電位が3倍の周波数で変動するのは以下の理由による。図 3.11 を見ると明らかなように、Sd2、Sd4、Sd6 の周囲±30°の位相の瞬時空間ベクトルを出力しているときの中性点電位は、(1,1,0) 等を出力して中性点電位 $2/3V_{dc}$ となる期間が (1,0,0) 等を出力して中性点電位 1/3Vdc となっている期間より長いので、$0.5V_{dc}$ 以上の値を持つ。一方 Sd1、Sd3、Sd5 の周囲±30°の位相の瞬時空間ベクトルを出力しているときには、中性点電位 $1/3V_{dc}$ となる期間の方が $2/3V_{dc}$ となる期間より長

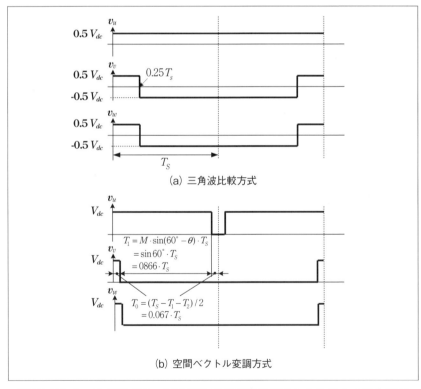

(a) 三角波比較方式

(b) 空間ベクトル変調方式

〔図 3.12〕$\theta=0$ の時点で、各変調方式が定常時に出しうる最大の出力電圧

いので中性点電位は $0.5V_{dc}$ 以下の値を持つ。そしてこれらが360°位相が変わる間に3回繰り返されるので、出力周波数の3倍の周波数で中性点電位は変動する。

第4章
3レベル三相インバータ

新幹線車両には、主電動機である誘導電動機を駆動するために本章で扱う3レベル三相インバータが使用されている。また主半導体素子は高耐圧かつ大容量の 3300V、1200A の IGBT モジュールが採用されている。

4.1　3レベル三相インバータ

　これまで述べてきた三相インバータは各相の出力端子電位が図3.1 によれば、DC 電源の中性点を電位の基準としたとき $+V_{dc}/2$ と $-V_{dc}/2$ の2値であることから2レベルインバータとよばれている。これに対して本章で取り上げる図4.1 のインバータは上述の2値の他、電源中性点の電位も出力できることから3レベルインバータとよばれている。

　この2レベルインバータを3レベル化したときの利点は、①図4.1 の線間電圧波形に示されている通りスイッチングリップル電圧振幅が2レベルインバータの場合と比べて 1/2 の $0.5V_{dc}$ に削減されるので、負荷がモータの場合には固定子巻線の絶縁劣化が低減できる。②フィルタサイズを保ち、スイッチング周波数を2レベルの場合の 1/2 に低減しても、負荷電流に含まれるリップル電流の振幅は変わらない。③スイッチングデバイス IGBT として、耐圧が2レベルの場合の 1/2 のものが採用できる。その一方で、図4.1 の方はスイッチングデバイス数が2倍の 12 個に増えているのでゲート制御は複雑になるのは言うまでもない。

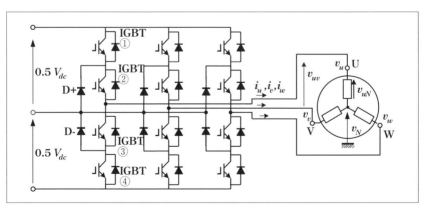

〔図 4.1〕NPC 三相3レベルインバータ

4.2　3レベル三相インバータのゲート信号作成原理

　図4.2は三角波の周波数を信号波の9倍としたときの三角波比較方式によるゲート信号発生の論理を説明するものである。図2.4のユニポーラ方式PWMと同様に三角波が上下2組用意され、上側は各相レグの最上段IGBT①の、また下側は各相レグの最下段IGBT④のゲート信号発生用として用いる。そしてレグ中央部のIGBT③と②のゲートは、それぞれIGBT①と④の否定論理より求められる。端子電位を$+V_{dc}/2$とするにはIGBT①と②が同時にON、$-V_{dc}/2$とするにはIGBT③と④が同時にON、さらにゼロとするにはIGBT②と③のゲートを同時にONとすればよいことが図4.2から確認できる。図4.1のダイオードD+とD−を

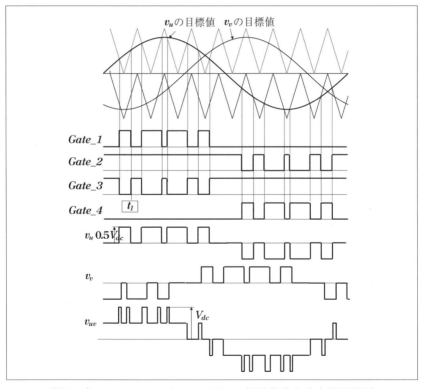

〔図4.2〕3レベルインバータのゲート信号発生と出力電圧波形

クランピングダイオードといい、ここからインバータをNPC（Neural Point Clamped）インバータと呼んでいる。

4.3 デッドタイムの必要性

図4.2に記した時刻t_1^-（IGBT①のゲートはONからOFFへ、またIGBT③のゲートはOFFからONに切り替わろうとする直前）において、u相負荷電流が正のとき、電源の正側端子$+0.5V_{dc}$からIGBT①、IGBT②と経由して負荷の端子Uに相電流がインバータから流れ出している。今IGBT①のゲート信号を切るのと同時にIGBT③にON信号を印可したとすると、IGBT①には電流はゲート信号OFF後も数μs流れ続けるので、IGBT①と導通し続けるIGBT②さらにIGBT③の三つがいずれも導通の期間が生じてしまうおそれがある。この際クランプダイオードD－も加えた4個の素子で上側の$0.5V_{dc}$の電源が短絡となり4個のうちのいずれかの素子が破壊してしまう。これを防止するためにはIGBT①のゲート信号を切った後、数μs遅らせてIGBT③にON信号を印可する必要がある。この数μsの期間をデッドタイムと言う。デッドタイム期間ではIGBT①とIGBT③のいずれのゲート信号ともOFFにされる。このとき図4.2で示されているようにIGBT②は導通し続けているので、電源中性点→D+→IGBT②の経路に切り替わり、u相負荷電流が切られる心配はない。デッドタイム作成のための実際の回路例を図4.3に示す。

図4.3では上段がIGBT①の、一方下段の回路の方は1個NOTのICを多くしてIGBT③のゲート信号を発生するようにしている。2個のNOT素子（74HC04等）の間にRC充放電回路が置かれている部分は共通である。放電と充電の場合では、電流経路が順抵抗の小さいダイオード1SS106と5.6kΩにそれぞれ変わる点に注意されたい。先ほどの時刻t_1で起きることは、図4.3上側のOFFに切り替わるIGBT①では瞬間的な放電、一方下側のONに切り替わるIGBT③では時間のかかる充電であるので上下回路の出力信号間にはデッドタイムが設定できる。

図4.4には、図4.3の回路の測定結果を示す。デッドタイムは上で述べたIGBT①からIGBT③へのON信号切り替えとIGBT③からIGBT①

への ON 信号切り替えの両方のタイミングで設定されており、実際の時間は $3\mu s$ であることがわかる。

4.4 デッドタイムの補償

図 4.4 の Ch-2 と Ch-4 で示されるようにデッドタイムを設定すると、立ち下がりの時点、すなわち IGBT 導通信号の開始時点が遅らされる。そうするとインバータから出力される電圧と指令値の間に誤差が生じて

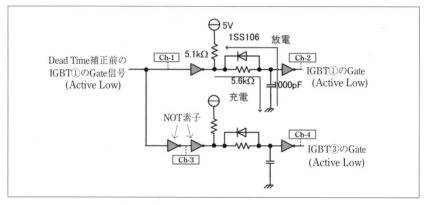

〔図 4.3〕デッドタイム作成回路の例

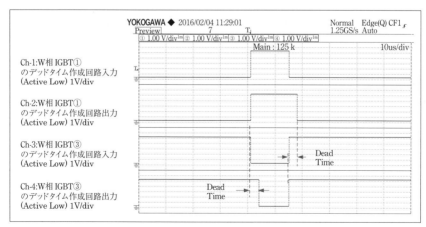

〔図 4.4〕作成されたデッドタイム

しまう。各IGBT導通の遅れを補償するには、デッドタイムによる導通の遅れ時間だけ進めた導通信号をあらかじめ作って、図4.3の入力に与えてやればよい。

ただし、図4.4の場合を例にして説明すると最初のIGBT①が切れIGBT③が入るときにはタイミングの修正は行ってはならない。これは、デッドタイム期間開始の瞬間にIGBT①は切れ、切れると同時にこれに流れていた相電流 i_u は電源の中性点からクランプダイオードD+、IGBT②の経路に直ちに転流し、U相の相電圧 v_u も $0.5V_{dc}$ からゼロ電位に立ち下がるからである。相電圧 v_u、相電流 i_u いずれも正の期間では、IGBT③にはたとえそのゲート信号が入力されていても i_u は流れないことに注意されたい。

一方、次のIGBT③が切れIGBT①が入るときにはタイミングの修正は必要である。それはデッドタイム期間終了の瞬間になって始めて電流 i_u はIGBT①に流れ始めるとともに相電圧 v_u もゼロから $0.5V_{dc}$ に立ち上がるからである。

以上述べたようにゲート信号がONに切り替わるIGBTに実際に相電流が流れるか否かでデッドタイム補償が必要か不必要かの判断できる。相電流は普通マイコンで符号も含めて読み込まれているので、この補償を行うか否かの判断と補償が必要なときの処理はソフトウェアプログラムで容易に行うことができる。

4.5 3レベル三相インバータ制御の留意点

本節では実際に3レベル三相インバータを製作し制御する場合に留意すべき二つの点を述べる。

まず第一は、図4.2でも示したように、三角波比較方式PWMを採用した場合に、三角波を二つ用意して相電圧の極性で使い分ける必要があるという点である。図4.2の下側の三角波を上下反転させて、上側と比較すると位相が完全にずれていることがよくわかる。

図4.5は、三角波比較方式で制御されるインバータの出力電圧が ($v_u \to -$, $v_v \to -$, $v_w \to +$) の場合のIGBTのゲート入力信号を示したも

のである。波形は下から、ディジタル制御のサンプル時点を決めるための電源周波数60Hzを128逓倍したパルス信号(=7.68kHz)、u相のIGBT④のゲート信号(Active High)、v相のIGBT④のゲート信号(Active High)、w相のIGBT①のゲート信号(Active High)を示している。図4.5をみると、相電圧が正のw相と負のu相、v相とではゲート信号の位相が完全にずれていることがわかる。また第3章の空間ベクトル変調PWM方式と同様に、スイッチングはサンプリング周期内 $(1/7680=130\mu s)$ で各相1回だけ行われていることがわかる。すなわちu相はIGBT②と④のON信号切り替えが、v相もIGBT②と④のON信号切り替えが、一方w相ではIGBT①と③のON信号切り替えがサンプリング周期内で1回行われている。この間、u相とv相ではIGBT①はOFF状態、IGBT③はON状態を保持し、実際電流はIGBT③には電源半周期間継続して流れている。w相ではIGBT④はOFF状態、IGBT②はON状態を保持し、実際電流はIGBT②には継続して流れている。

　ところで、図4.6は、図4.2の下側三角波を、上側三角波を上下反転したものとしたときの端子電位 v_u、v_v や線間電圧 v_{uv} 等を示している。このときには端子電位が正の相のIGBT①と負の相のIGBT④のOFFからONの切り替えが同一の三角波半周期間で起き、次の半周期間では正

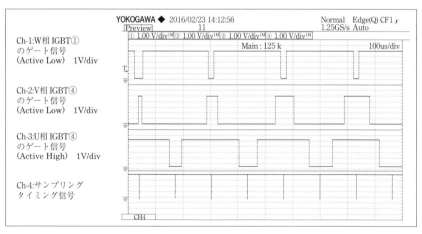

〔図4.5〕3レベルインバータのゲートドライブ回路入力信号

の相のIGBT①と負の相のIGBT④のONからOFFの切り替えが起きるので、線間電圧v_{uv}には、図4.2とは大きな違いが見られる。負荷電流のリップル分の抑制には図4.2の方が明らかに効果的であり、こちらのキャリアー方式が一般に採用される。

　第2の留意点は、直流側の電源V_{dc}をどのように分割し、さらにいかにして均等に保つかということである。前者の分割は同一の静電容量を2個直列にすれば容易に行える。後者は難しい。電源の中点から電流が交流側へ流れ出すときはその分下側のキャパシタへの流入電流は、キルヒホッフの電流側から上側より少なくなるので下側のキャパシタの電圧が下がる。中点に交流側から電流が流入する場合は逆に下側のキャパシ

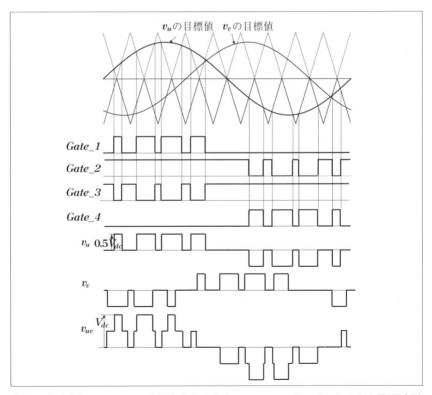

〔図4.6〕負側キャリアーの位相を変えたときの3レベルインバータの出力電圧波形

タの電圧は上がる。したがってこの中点に出入りする電流の向きを切り替えながら直流電圧の均等化を図っていくような制御が要求される。

　本書では詳しくは述べないが、空間ベクトル変調PWM方式を採用した3レベル三相インバータにおける電源中点の電位変動抑制には、同じ瞬時空間ベクトルでありながら、直流電源の中点の電位変動の観点では全く逆に作用する二つのベクトルの1サンプル周期内の時間配分を調整すれば対処できる。

　たとえば、u相出力電位が $+0.5V_{dc}$、v相とw相の出力電位がゼロの瞬時空間ベクトルは

$$v = \sqrt{\frac{2}{3}}(0.5V_{dc}) = \sqrt{\frac{1}{6}}\,V_{dc}\cdot e^{j0} \quad \cdots\cdots\cdots\cdots\cdots\cdots\cdots\cdots\cdots\cdots \quad (4.1)$$

である。また、u相出力電位がゼロ、v相とw相の出力電位が $-0.5V_{dc}$ であるスイッチング状態での瞬時空間ベクトルも、

$$v = \sqrt{\frac{2}{3}}(-0.5V_{dc}\cdot e^{j120°} - 0.5V_{dc}\cdot e^{-j120°}) = \sqrt{\frac{1}{6}}\,V_{dc}\cdot e^{j0} \quad \cdots\cdots \quad (4.2)$$

と、同一のものになる。両者の違いは、各相電流をu相は正、v相とw相は負としたとき、前者の場合には上側のキャパシタから三相交流負荷に電流供給がされるので中点の電位は上がり、後者のスイッチングでは下側のキャパシタから電流供給が行われるので中点の電位は下がる点である。

　一方、三角波比較方式の2レベル三相インバータを高精度で動かすには、直列のキャパシタによらない2個の直流電源、たとえば図4.7に示す直列形12パルス整流回路を利用する必要がある。

4.6　T形3レベル三相インバータ

　最近、富士電機よりT型の3レベルインバータ用パワーモジュールが市販されている。主回路は図4.8の通りであり、所要IGBT数も12のままである。またゲート信号の論理も図4.2と変わらない。したがって

正電位 +0.5V_{dc} を出力したいとき IGBT ①と②に同時に導通信号が送られるが、このとき②のコレクターエミッタ間に大きさ 0.5V_{dc} の逆バイアスが印可されるので電流が実際に②に流れることはない。②の電流が正の半周期間は導通信号通りに流れ続ける NPC 形の場合とは異なり、この T 形では①が切られる期間に電流が②に転流するのみである。②に電流が流れるとゼロ電位が出力される。

長所は各相常時 1 個の半導体に電流が流れるので導通損が半減できる点である。

図 4.9 には、T 形 3 レベル三相インバータで系統に電力の逆潮流を行ったときの運転波形を示す。オシログラフは上からインバータ出力電流、

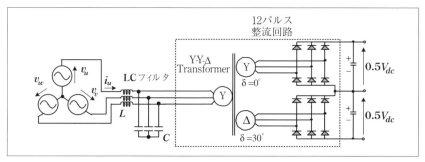

〔図 4.7〕中性点電位変動が起きない直流電源の例

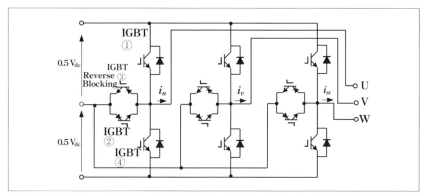

〔図 4.8〕T 型の 3 レベルインバータの主回路

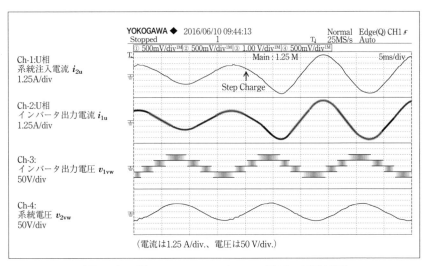

〔図 4.9〕T 型 3 レベルインバータの電圧、電流波形

フィルタを通したインバータ出力電流 = 系統注入電流、インバータ出力線間電圧 V_{vw}、系統の線間電圧 V_{s_vw} を示している。出力周波数は 60Hz、サンプリング周波数は 7.68kHz（=128 × 60）、スイッチング周波数はいずれの IGBT とも電源半周期間しか導通しないので 1.92kHz である。直流電源電圧は V_{dc}=108V、注入電流の実効値は 1.25[A] から 3.5[A] にステップ状に変えられ、注入電力は 100W から 303W に変えられている。

電流制御精度は THD を測定するか、あるいは電流瞬時空間ベクトルの有効分 (i_d) 無効分 (i_q) が指令通りであるかどうかを調べれば判断できる。図 4.9 の系統注入電流の THD は 2.7% である。また図 4.10 の過渡応答波形から i_d、i_q の両成分とも目標値によく追従していることがわかる。ここで行った三角波比較方式 PWM 制御は高精度である。

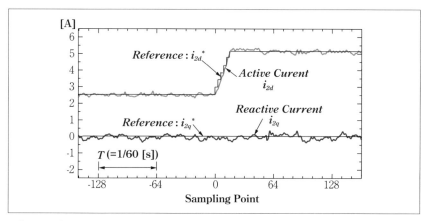

〔図 4.10〕インバータ出力電流の有効分、無効分の過渡応答(図 4.9 に対応)

第5章

誘導電動機の三相インバータを用いた駆動

三相かご形誘導電動機の回転子は、アルミダイカスト製法により作られたかご状のアルミ導体となっているため、三相かご形誘導電動機は安価で信頼性が高く、その上三相電源があれば駆動できることから取り扱いも容易である。

5．1　三相インバータ導入のメリット

商用電源から直接ブレーカーや電磁開閉器を介して全電圧を三相かご形誘導電動機の1次巻線（＝固定子巻線）に印可するのではなく、三相インバータを使用して三相かご形誘導電動機を駆動した場合には以下の点で有利である。
①始動電流が定格値以下に収められる。
②始動トルクも定格トルクが確保できる。
③速度範囲がごく低速から定格速度まで自由に変えられる。
④電力の節約ができる。

5．2　三相かご形誘導電動機のトルク発生原理

本節ではインバータ制御方式について説明する前にインバータが相対する三相誘導電動機の基本的事項について述べる。

空間的に120°の間隔で配置された3個の固定子巻線に図5.1に示す平衡三相電源 e_u、e_v、e_w を印加すると平衡三相電流 i_{du}、i_{dv}、i_{dw} が流れる。それらの位相は図5.2に示すように対応する電源位相より90°遅れる。この電流は磁化電流といわれ、固定子鉄心中ばかりではなくかご形の回転子部分にも貫く磁束を作り上げる。図5.2の時刻ゼロの時点で各巻線に流れる磁化電流が作る起磁力の方向と大小関係を図5.3に示す。そして合成起磁力はu相巻線軸上に形成され、その大きさが、一相の巻数×磁化電流最大値の1.5倍となることも示されている。図5.4には、電気角で60°毎に0°から300°の時点を取り上げて合成起磁力と磁束の変化を示している。図5.4から、この2極機の合成起磁力や磁束は常に大きさを一定に保ちながら、電源周波数 f と同じ値の回転数 n_s で反時計回りに等速円運動をすることが確認できる。これがいわゆる回転磁界であり、

第5章 誘導電動機の三相インバータを用いた駆動

三相交流が持つ大きな特色はこの回転磁界が容易に形成できることである。図5.4には4本の磁束が書き込まれているが、これは大きさが一定値（=1.5×一相の巻数×磁化電流最大値）に保たれる合成起磁力で作られ

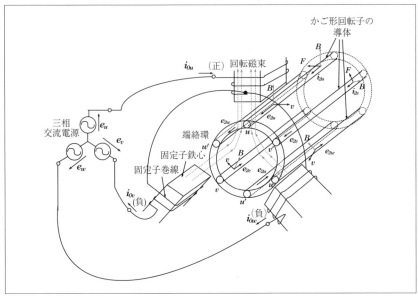

〔図5.1〕三相かご形誘導電動機の原理

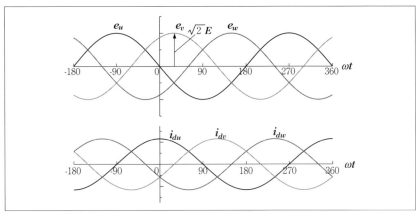

〔図5.2〕電源電圧と磁化電流の位相関係

ていることに注意されたい。

　回転磁界中に置かれたかご形回転子の棒状の導体はその速度 n が磁界の速度 n_s（同期速度という）より普通遅くなっている。今、立ち位置をより早い磁界に取ると回転子は n_s-n の回転速度でゆっくりと時計回りに後退して行くように観測される。この見かけの速度 $v=2\pi r(n_s-n)$[m/s] に回転子導体の長さ l[m] とその点の半径方向の磁束密度 B[T] を掛け合

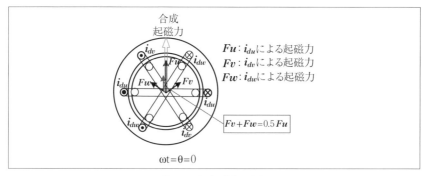

〔図 5.3〕合成起磁力

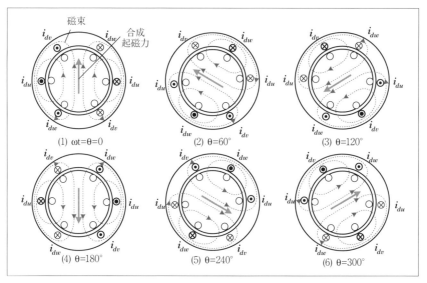

〔図 5.4〕固定子巻き線に流れる三相交流電流が作る回転磁界と磁束

わせると、フレミングの右手の法則から回転子導体に誘導される起電力 e_{2u}、e_{2v}、e_{2w} が求まる。図 5.1 の時点においては e_{2u} の大きさを 1 としたとき、e_{2v} と e_{2w} の大きさが -0.5 となるのは B の向きが中心方向に変わり、大きさも半分であるためである。また、導体にはオームの法則に従って電流 i_2 $(=e_2/R_2)$ が起電力と同じ向きに流れる。ここでの R_2 は導体 1 本の抵抗である。この回転子電流と回転磁界の間で、今度はフレミングの左手の法則によりその向きが決まる電磁力 $F=i_2 \cdot B \cdot l$ が図 5.1 や図 5.5 の正面図に示す通り発生する。図の時点では u 相の導体に働く電磁力 F の大きさを 1 としたとき、v 相と w 相に働く電磁力の大きさは 0.25 となる。それらの電流と磁束密度の両方が u 相と比べて 0.5 となっているためである。回転子はこれらの電磁力に従って回転磁界と同方向、反時計回りにそれよりやや遅い速度で回転する。

　ところで、回転子電流が流れると、図 5.6 で示すようにこの時点では右方向の新たな磁界が発生する。この磁界のために図 5.1 に示した回転磁束が変化する。このとき固定子巻線には磁化電流とは位相が 90°進んだトルク分の平衡三相電流 i_{qu}、i_{qv}、i_{qw} が新たに流れる。このトルク分電流が作る磁界は回転子電流が作る磁界をちょうど打ち消しており、回転磁束は磁化電流 i_{du}、i_{dv}、i_{dw} が作るものから変化しない。これを定磁束保存の理という。このとき三相交流電源の電圧 e_u、e_v、e_w は固定子巻線に発生している誘導起電力

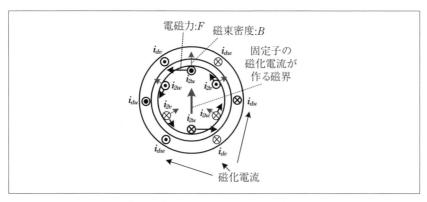

〔図 5.5〕フレミングの左手の法則

$$N\frac{d\phi_u}{dt}、N\frac{d\phi_v}{dt}、N\frac{d\phi_w}{dt}$$

との平衡を取り戻している。すなわち各電圧と鎖交磁束の位相には、(5.1) 式の関係が、また電源相電圧実効値 E、固定子巻線の巻き数 N と最大鎖交磁束 Φ（図 5.4 では 4[Wb]）の間には (5.2) 式の関係が常に成り立っている。

$$\begin{aligned}
&u\text{相電源電圧}:e_u=\sqrt{2}E\sin(\omega t+\pi)\,[\text{V}]\\
&v\text{相電源電圧}:e_v=\sqrt{2}E\sin(\omega t+\pi-2/3\pi)\,[\text{V}]\\
&w\text{相電源電圧}:e_w=\sqrt{2}E\sin(\omega t+\pi-4/3\pi)\,[\text{V}]\\
&u\text{相固定子巻線鎖交磁束}:\phi_u=\Phi\sin(\omega t+\pi/2)\,[\text{Wb}]\\
&v\text{相固定子巻線鎖交磁束}:\phi_v=\Phi\sin(\omega t+\pi/2-2/3\pi)\,[\text{Wb}]\\
&w\text{相固定子巻線鎖交磁束}:\phi_w=\Phi\sin(\omega t+\pi/2-4/3\pi)\,[\text{Wb}]
\end{aligned} \quad (5.1)$$

$$\Phi=\frac{\sqrt{2}E}{\omega N}=\frac{\sqrt{2}E}{2\pi f N}=\frac{E}{4.44 f N}[\text{Wb}] \quad\dots\dots\dots\dots\dots\dots \quad (5.2)$$

図 5.7 には、各相の電源電圧波形、磁化電流波形ならびにトルク分電流波形を示している。なお、図 5.1、図 5.3、図 5.5、図 5.6 は図 5.7 の

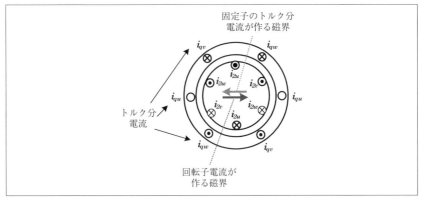

〔図 5.6〕定磁束保存の理

第5章 誘導電動機の三相インバータを用いた駆動

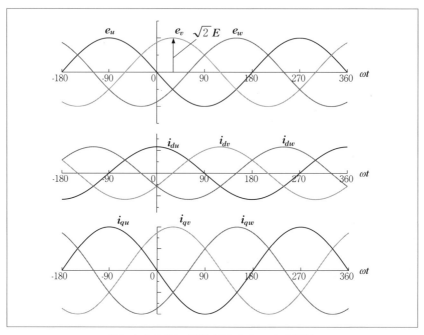

〔図5.7〕各相の磁化電流とトルク分電流

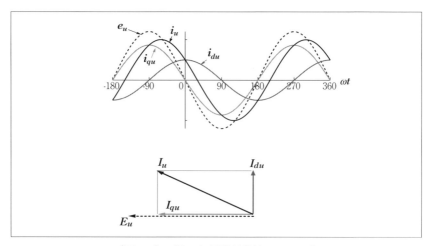

〔図5.8〕u相の各電流波形とフェーザ

$\omega t=0$ の時点の電流分布を取り上げたものであった。また図 5.8 の上側には u 相の各波形を集めたものを示している。ここで実際に流れる u 相電流 i_u は合成電流の $i_{du}+i_{qu}$ である。図 5.8 の下側はフェーザを示している。ここで磁化電流 I_{du} とトルク分電流 I_{qu} の時間的な位相差 90°は、図 5.5、図 5.6 を見比べて観測される固定子磁化電流が作る磁界と固定子トルク分電流が作る磁界との空間的角度差 90°に置き換わることに注目すべきである。

この 5.2 節の説明は、固定子の巻線抵抗と、漏れリアクタンスはゼロという仮定のもとで進められた点を除けば、5.5 節の三相誘導電動機のベクトル制御の考え方にまさに繋がるものである。そこでは磁化電流とトルク分電流をいかに個別に制御するかが記述されている。

ところで、電磁力 F とつり合っていた機械負荷がなくなると、回転子の速度は上昇して回転磁界の速度に到達する。このときには回転磁界に対する導体の相対速度 v（= 回転子の速度－回転磁界の速度）はゼロであるので、起電力 e_2 も発生しないし、回転子導体に電流 i_2 は流れない。また、回転磁界より早い速度で回転子を回してやると、導体の相対速度 v、起電力 e_2、電流 i_2、電磁力 F は、すべて図 5.1 に示されているものとは逆向きになる。このときには電磁力とは逆向きの力を外部から与えているわけで誘導発電機となっている。

この節の最後に、誘導電動機の回転磁界の極数の説明をしよう。極数は、2 とはかぎらず偶数の 4、6、8、…等色々である。その作り方を 4 極機を例として図 5.9 に示した。コイルピッチが 2 極機の場合の直径から 1/4 円周となっている点およびコイル数が各相あたり 2 個に増えている点が要点である。

図 5.10 には、4 極機の回転磁束の、図 5.2 の $\omega t=\theta=0$ と $\theta=60°$ の両時刻での様子を示している。2 極機とは異なり半分の 30°だけ回転したことがわかる。このように、回転磁界の極数と同期速度 n_s は反比例の関係がある。

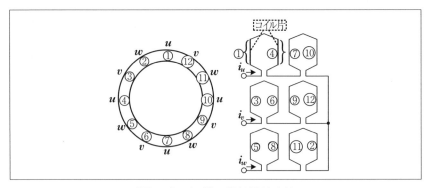

〔図5.9〕4極機の巻線接続方法

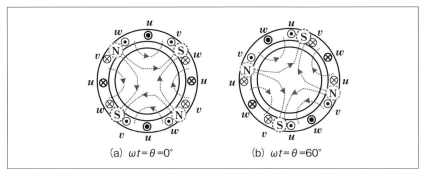

(a) $\omega t = \theta = 0°$ (b) $\omega t = \theta = 60°$

〔図5.10〕三相交流電流が作る4極機磁束の回転

5.3　V/f 一定制御方式

　三相インバータを用いたかご形誘導電動機の制御方式には、要求される制御精度によって、精度の低い方から①V/f 一定制御、②すべり周波数制御、③ベクトル制御の三方式がある。

　①のV/f 一定制御は、インバータがモータに印可する三相交流電圧の振幅 V と周波数 f の比が一定となるようにしている方式である。インバータの発生周波数 f を変えると回転磁束の速度、すなわち同期速度 n_s が(5.3)式に示すように、完全に比例して変化する。

$$n_s = \frac{f}{p}[\text{rps}] \quad （p は極対数） \quad \cdots\cdots\cdots\cdots\cdots\cdots (5.3)$$

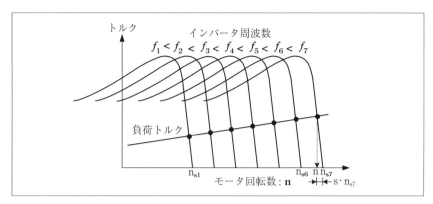

〔図 5.11〕V/f 一定制御方式のトルク特性と回転速度

モータ速度 n は、図 5.11 に示すように負荷トルクと誘導電動機の出力トルク特性の交点で決まるので、(5.4) 式に示すように同期速度より数パーセント低い値に落ち着く。

$$n = (1-s)n_s = (1-s)\frac{f}{p}[\text{rps}], \quad s = \frac{n_s - n}{n_s} \quad \cdots\cdots\cdots\cdots (5.4)$$

ここで同期速度とモータ速度の数パーセントの差をすべり s という。

オープンループで運転される V/f 一定制御方式では、実際の速度 n を目標速度 n^* に一致させようとすると、すべり s を見込んでインバータの発生周波数を、

$$f = \frac{p\,n^*}{1-s}[\text{Hz}]$$

と設定する必要がある。こうしておけば速度誤差はゼロにできる。すなわち (5.4) 式から

$$n = (1-s)\frac{f}{p} = (1-s)\frac{p\,n^*/(1-s)}{p} = n^*[\text{rps}] \quad \cdots\cdots\cdots (5.5)$$

とできる。次に、回転速度 n を下げたい場合には図 5.11 に示すようにインバータの発生周波数 f を $f=n\times p[\text{Hz}]$ に従って $f_6, f_5, f_4\cdots$ と下げて

いけばよい。

なお、V/f 一定制御方式では電動機内部に生じている磁束が一定になるので、磁束が飽和して過大な磁化電流が流れる心配はない。またモータの発生トルクは電流にほぼ比例している。

図 5.11 は、固定子巻線抵抗 R_1 を無視して描かれている。しかし低速時には、(5.4) 式の磁束 Φ が回転して固定子巻線に発生する誘導起電力 $4.44fN\Phi$ が低下するので R_1 での電圧降下が相対的に無視できなくなる。そこで図 5.12 のような V/f 特性をインバータに設定するのが一般的である。このように出力電圧 V を修正すれば f にかかわらず磁束は一定に保たれ図 5.11 に示すトルク特性が得られる。

5.4 すべり周波数制御方式

すべり周波数制御は、図 5.13 に示すように速度の検出を行い、V/f 一定制御方式のクローズドループ化を図ったものである。すなわち速度とその目標値の差すなわち制御偏差を制御器に入力して、その出力と速度検出値の和を求めて、これをインバータの出力周波数とするものである。この方式では定常時の速度誤差はゼロにできるものの、過渡特性は 5.5 節のベクトル制御には劣る。

減速時において制御偏差が負となった場合には、Δf も負となってインバータの発生周波数 f^* は p・n 以下とされる。このとき誘導機は誘導

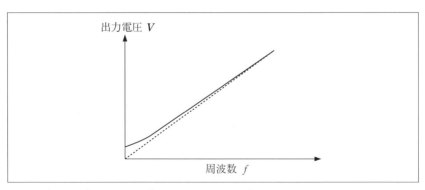

〔図 5.12〕固定子巻線抵抗 R_1 での電圧降下が補償された V/f 制御

発電機となってモータと負荷の回転体慣性エネルギーは、DCリンクのキャパシタ C_{dc} の静電エネルギーに変換される。そしてキャパシタの電位が既定値より上昇した時点で制動抵抗に直列に接続されているIGBTがONにされキャパシタ電荷を放電させる。この過程で発電機には大きな逆トルクが発生、すなわちモータ内部でブレーキがかかり、すみやかな減速が実現できる。オプションの制動抵抗が接続されていない場合には、インバータは $\Delta f=0$、つまりすべりゼロで運転してモータ発生トルクをゼロとし、負荷トルクによる自然な速度低下を待つことになる。

5.5 ベクトル制御方式

三相かご形誘導電動機の3番目の制御方式であるベクトル制御は誘導電動機に直流機相当の優れた制御性能をもたらしてくれる。速度検出器を必要としないいわゆるセンサレスベクトル制御も実用化されているが、発生トルクの高精度な制御が必用とされる場合には速度検出器が必要である。

図5.14にベクトル制御の基本原理を示している。固定子電流の瞬時空間ベクトルは互いに直交する回転子鎖交磁束を形成するための磁化電流

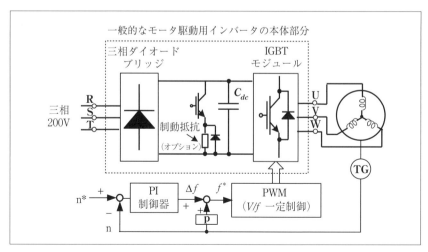

〔図5.13〕三相誘導電動機のすべり周波数制御

i_d とトルク分電流 i_q に分解される。ここで d 軸は回転磁界の方向を表しており、α-β 静止座標系に対して θ_e の角度をなしている。この d 軸と 90°反時計方向に回転した q 軸方向に、それぞれ元の三相巻線と同じ巻数の巻線を配置し、これに磁化電流 i_d とトルク分電流 i_q が流れるとしたとき、図 5.5 と図 5.6 で示した空間磁界分布と同一のものを得ることができる。この置換を通して、電流と電圧が三相交流から直流に変換できることに注意すべきである。i_{2q} は d-q 軸に対しては逆方向に $s \cdot n_s$ で回転している回転子巻線にファラデーの法則により誘導起電力 $s\omega_1 M i_d$ が発生して回転子巻線に流れる電流の瞬時空間ベクトルであり、オームの法則により (5.6) 式の通り計算される (たとえば、参考文献 5, p.19, p.150)。

$$i_{2q} = \frac{s\omega_1 M i_d}{R_2} \quad \cdots\cdots\cdots\cdots\cdots\cdots\cdots\cdots\cdots\cdots\cdots\cdots\cdots\cdots (5.6)$$

ここで、ω_1 はインバータの発生角周波数、M は固定子巻線と回転子巻線との間の相互インダクタンス、R_2 は回転子巻線の抵抗である。普通、磁化電流 i_d は一定に保つので i_{2d} は流れない。

ところで i_{2q} が流れると回転子鎖交磁束が $M i_d$ から変化してしまう。

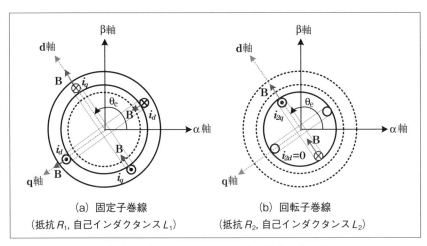

(a) 固定子巻線
（抵抗 R_1, 自己インダクタンス L_1）

(b) 回転子巻線
（抵抗 R_2, 自己インダクタンス L_2）

〔図 5.14〕三相誘導電動機のベクトル制御

q軸方向の回転子鎖交磁束をゼロにするためには、図5.14 (a) に示すように i_{2q} とは逆位相で大きさが $L_2 \cdot i_{2q}/M$ の固定子電流、すなわちトルク分電流 i_q を固定子巻線に流さなくてはいけない。そこで、回転磁界の方向 θ_e を以下の (5.7) 式を用いて決定する。

$$\theta_e = \int_0^t \omega_1 dt = \int_0^t (p \cdot \omega_m + s\omega_1) dt = \int_0^t (p \cdot \omega_m + \frac{R_2 i_q^*}{L_2 i_d}) dt \qquad (5.7)$$

(5.7) 式の i_q^* は、トルク分電流の指令値である。トルク分電流が実際に指令通りに流れるとき、回転子には $i_{2q}=Mi_q^*/L_2$ の電流を流してやればq軸方向の回転子鎖交磁束をゼロにできる。そのためのすべり角周波数は、(5.6) 式から

$$s\omega_1 = \frac{R_2 i_q^*}{L_2 i_d}$$

と決定できる。

トルク分電流とトルク τ には、フレミングの左手の法則から (5.8) 式の関係がある (たとえば、参考文献5、p.19)。

$$\tau = pMi_d i_{2q} = \frac{pM^2 i_d i_q}{L_2} \quad \cdots\cdots\cdots\cdots\cdots\cdots\cdots\cdots\cdots\cdots\cdots\cdots\cdots \qquad (5.8)$$

(5.7) 式の第2項、すべり周波数の項の決定には、R_2 の正確な値を代入する必要がある。しかしながら R_2 はモータの負荷電流の増減につれて温度が変わると変動する。R_2 の変動を考慮しない場合には、回転子鎖交磁束が Mi_d から変化してしまい、所要のトルクが出力できなくなる。実際のベクトル制御インバータでは、R_2 の変動を推測しており、このような出力トルクの誤差を抑制している。

誘導電動機制御系の操作量は一般に1次印可電圧 ($v_1=v_{1d}+jv_{1q}$) である。次に v_1 の指令値を算出してみよう。ベクトル制御の条件、すなわち磁化電流 i_d は一定に保ち、一方滑り周波数 $s\omega_1$ をトルク分電流 i_q に比例させるという (5.7) 式が成立しているときには、1次電圧瞬時空間

ベクトルの d 軸方向成分 v_{1d} は (5.9) 式の通り求められる。

$$v_{1d} = R_1 i_d + L_1 \frac{di_d}{dt} - \omega_1 (L_1 i_q + M i_{2q}) \quad \cdots \cdots (5.9)$$

ここで、右辺第 2 項は変圧器起電力といわれるもので磁化電流の大きさが変わるときに発生する。磁化電流は一定に制御するので実際にはこの項はゼロになる。右辺第 3 項は速度起電力といわれるものである。q 軸方向の 2 次巻線鎖交磁束 ($M i_q + L_2 i_{2q}$) がゼロにされるとき、q 軸方向の 1 次巻線鎖交磁束 $L_1 i_q + M i_{2q}$ はゼロにはならない。この磁束は図 5.15 に示す通り反時計回りに電気角速度 ω_1 で回転するから、静止している d 軸固定子巻線にはフレミングの右手の法則によれば i_d と同じ向きの起電力 $\omega_1 (L_1 i_q + M i_{2q})$ が発生することになり、右辺にあるこの第 3 項の符号は負となる。

q 軸方向の 2 次巻線鎖交磁束がゼロとなっているときの関係式 $i_{2q} = -(M/L_2) \cdot i_q$ を (5.9) 式に代入して (5.10) 式が得られる。

$$v_{1d} = R_1 i_d - \omega_1 (L_1 - \frac{M^2}{L_2}) i_q \quad \cdots \cdots (5.10)$$

次に 1 次電圧瞬時空間ベクトルの q 軸方向成分 v_{1q} は (5.11) 式の通り求

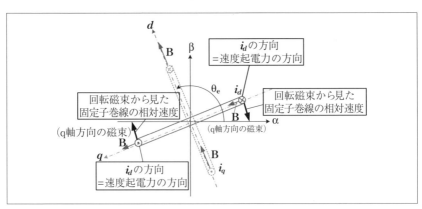

〔図 5.15〕d 軸固定子巻線の速度起電力

められる。

$$\begin{aligned}
v_{1q} &= R_1 i_q + L_1 \frac{di_q}{dt} + \omega_1 L_1 i_d + M \frac{di_{2q}}{dt} \\
&= R_1 i_q + (L_1 - \frac{M^2}{L_2}) \frac{di_q}{dt} + \omega_1 (L_1 - \frac{M^2}{L_2} + \frac{M^2}{L_2}) i_d \\
&= R_1 i_q + (L_1 - \frac{M^2}{L_2}) \frac{di_q}{dt} + \omega_1 (L_1 - \frac{M^2}{L_2}) i_d + \omega_1 \frac{M^2}{L_2} i_d
\end{aligned} \quad (5.11)$$

ここで、R_1, L_1 は、固定子巻線のそれぞれ抵抗分と自己インダクタンスである。(5.10) 式、(5.11) 式、さらに滑り角周波数の式

$$s\omega_1 = \frac{R_2 i_q{}^*}{L_2 i_d}$$

から図5.16のような等価回路を求めることができる。

また図5.17には、やはり (5.10) 式と (5.11) 式を基にしたすべり周波数ベクトル制御の一例を示す。ここではメジャーループの速度制御系に1個、またマイナーループの電流制御系にはd-q各成分毎に2個の合計3個のPI (比例積分) 制御器が設置されている。さらに各電流制御系が互いに非干渉化されるように、$\omega_1 L_1 i_d$ と $\omega_1 \cdot (L_1 - M^2/L_2) \cdot i_d = \omega_1 \cdot l \cdot i_d$ の項が付加されている点に注意されたい。ここで、lは固定子巻線の漏れインダクタンスである (たとえば、参考文献5、p.91)。図5.17において、

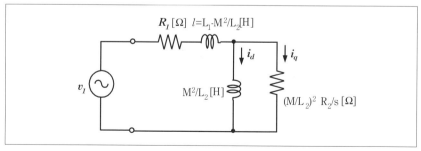

〔図5.16〕三相誘導電動機のベクトル制御用等価回路

空間ベクトル PWM を実施する場合に必要な演算、すなわち出力電圧ベクトル $v_1{}^*$ の大きさと α-β 静止座標上での偏角の算出式を補足図を用い

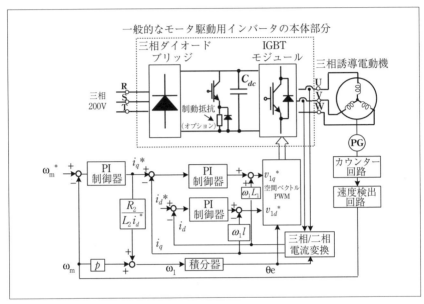

〔図 5.17〕三相誘導電動機のすべり周波数ベクトル制御の一方式

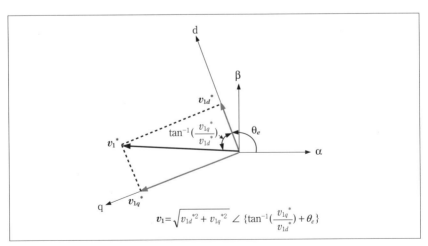

〔図 5.17 の補足〕空間ベクトル PWM で必要な演算

て説明している。v_1 算出後は 3.5 節で示した空間ベクトル変調方式を実施できる。制御系に必要なモータ定数はインバータに組み込まれたオートチューニング機能により測定され、さらに制御器の設定まで自動的に行われているのが現状である。

[演習 5.1]

誘導機の等価回路には図 5.16 の他に、より一般的で長年にわたり使われ続けられている図 5.18 がある。図 5.18 の回路素子の値の測定方法を説明せよ。また図 5.16 の回路パラメータの算出式を示せ。さらに定常時においては、いずれの等価回路を用いても固定子電流と出力トルクの計算値に差がないことを計算例によって確かめよ。

[解]

誘導機のテストには無負荷試験と拘束試験がある。長年にわたり使われ続けられている一般的な等価回路図 5.18 において、x_1 は 1 次側（＝固定子側）の漏れリアクタンス、x_2' は 1 次側に換算した 2 次側（＝回定子側）の漏れリアクタンス、r_2' は 1 次側に換算した 2 次側の巻線抵抗、さらに x_0 は励磁リアクタンスを示す。

図 5.18 の回路素子の値は以下のように測定する。まず r_1 は、電圧降下法により三相の 2 端子間の抵抗を測定して、それを 2 で割って求める。さらに温度補正により一般的な使用環境の 75℃ に換算している。すなわち (5.12) 式のように求める。

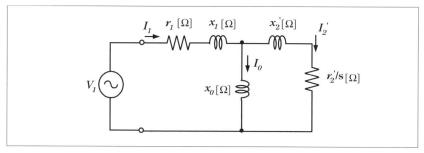

〔図 5.18〕三相誘導電動機の従来型等価回路（鉄損無視）

$$r_1 = \frac{R}{2} \times \frac{234.5 + 75}{234.5 + t} \ [\Omega] \quad \cdots\cdots\cdots\cdots\cdots\cdots\cdots\cdots\cdots (5.12)$$

ただし、R：測定された抵抗値[Ω]、t：測定時の周囲温度[℃]

次に電動機を負荷がない状態で駆動して、印可電圧と電流を測定する。無負荷時はすべり $s=0$ となるので図5.18の $x_2'+r_2'/s$ の部分には電流が流れず除外できる。さらにリアクタンス分 >> 抵抗分を考慮すると以下の通り、二つのリアクタンスの和が求められる。

$$x_1 + x_0 = \frac{V/\sqrt{3}}{I_1} \ [\Omega] \quad \cdots\cdots\cdots\cdots\cdots\cdots\cdots\cdots\cdots (5.13)$$

ここで、V：印可三相電源の線間電圧、I_1：入力電流

さらに、電動機が回らないように回転子を外部から物理的に固定して低い電圧の三相電圧を固定子端子に印加する。これは拘束試験（すべり $s=1$）といわれるもので、$x_0 >> x_2'+r_2'/s$、の条件が成立していることから、以下の回路定数が測定できる。

$$r_1 + r_2' = \frac{W_S/3}{I_S^2}[\Omega], \quad x_1 + x_2' = \sqrt{\left(\frac{V_S}{\sqrt{3} \times I_S}\right)^2 - (r_1 + r_2')^2} \ [\Omega] \quad (5.14)$$

ここで W_S はインピーダンスワット、I_S は入力電流、V_S はインピーダンス電圧と言われるもので、それぞれ、電力計、電流計、電圧計を交流電源側に設置して測定される。ここで x_1 と x_2' の分離は難しく、単純に半分ずつにすることが多い。

図5.19は、交流理論の教えるところによれば、図5.18と、合成インピーダンスと二つの抵抗の消費電力の分配のされ方が一致している点で等価である。これは図5.19の回路の合成インピーダンスは（5.15）式のように算出され、一方図5.18についても同じ結果が得られることから証明できる。読者に計算をしてもらいたい。

$$\dot{Z} = r_1 + j(x_1 + x_0 - \frac{x_0^2}{x_0 + x_2'}) + \frac{j\frac{x_0^2}{x_0 + x_2'} \cdot (\frac{x_0}{x_0 + x_2'})^2 \cdot \frac{r_2'}{s}}{j\frac{x_0^2}{x_0 + x_2'} + (\frac{x_0}{x_0 + x_2'})^2 \cdot \frac{r_2'}{s}}$$

$$= r_1 + j(x_1 + x_0 - \frac{x_0^2}{x_0 + x_2'}) + \frac{j\frac{r_2'}{s} \cdot \frac{x_0^2}{x_0 + x_2'}}{\frac{r_2'}{s} + j(x_0 + x_2')}$$

$$= r_1 + \frac{\frac{r_2'}{s} \cdot x_0^2}{(\frac{r_2'}{s})^2 + (x_0 + x_2')^2} + j[\,x_1 + \frac{x_0\{(\frac{r_2'}{s})^2 + x_2'(x_0 + x_2')\}}{(\frac{r_2'}{s})^2 + (x_0 + x_2')^2}\,] \quad (5.15)$$

ところで図 5.19 は図 5.16 の回路に他ならない。したがってベクトル制御で必要となる回路パラメータは (5.16) 式を用いて算出できる。

$$\begin{aligned} &R_1 = r_1,\ L_1 = (x_1 + x_0)/\omega_1,\ L_2 = (x_2' + x_0)/\omega_1, \\ &M = x_0/\omega_1,\ (\frac{M}{L_2})^2 \cdot R_2 = (\frac{x_0}{x_2' + x_0})^2 \cdot r_2' \end{aligned} \quad \cdots\cdots (5.16)$$

[計算例]

図 5.20 (a) の従来型等価回路 (1 相分) を元に、(5.16) 式を用いてやれば (b) のベクトル制御用等価回路は作図できる。

電源電圧を線間で 200[V] として、図 5.20 の (a)、(b) 両回路の入力電

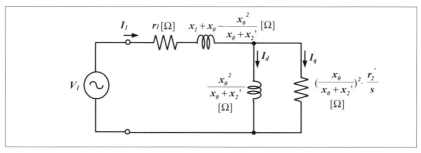

〔図 5.19〕三相誘導電動機の従来型等価回路の変形（鉄損無視）

流を計算すると、(a) は V_1 基準の相電流フェーザで示して I_1=1.723−j2.679[A]、一方 (b) は瞬時空間ベクトルの d-q 軸成分で表現して、i_d=3.447[A]、i_q=4.308[A] となる。両回路の入力電流の大きさや位相は全く等しい。

$$\sqrt{1.723^2 + 2.679^2} = \sqrt{3.447^2 + 4.308^2} \div \sqrt{3} = 3.185[\mathbf{A}]$$

発生トルクは、回路右側の抵抗での消費電力（= 同期ワット）を同期角速度（仮に $2\pi n_s$=60π[rad/s] とする。）で除して求められる。すなわち (a) の回路でトルクを計算すると

$$I_2 = \sqrt{1.723^2 + 2.679^2} \times \frac{|j40|}{|j40 + 40 + j10|} = 1.990[\mathbf{A}]$$

$$T = \frac{3 \times 1.990^2 \times 40}{60\pi} = 2.521[\mathbf{Nm}]$$

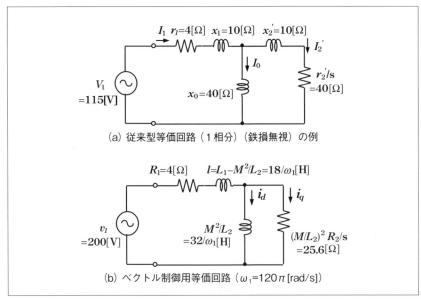

(a) 従来型等価回路（1相分）（鉄損無視）の例

(b) ベクトル制御用等価回路（ω_1=120π [rad/s]）

〔図 5.20〕従来型等価回路からベクトル制御用等価回路への変換例

となる。(b) の回路でトルクを計算すると

$$T=\frac{4.308^2\times25.6}{60\pi}=2.521[\mathbf{Nm}]$$

となり、同じ結果が得られる。

5.6　インバータ導入の反作用

　電源電流に高調波が含まれてくるので系統や他の機器に高調波障害を起こすことがある。インバータからモータにかけて放射性ノイズや伝導性ノイズが発生して、通信障害や他の機器の誤動作を発生させる場合がある。これらに対してはインバータメーカーから図5.21に示すような対策の機器が提供されている。

　インバータの入力側にEMC（Electro Magnetic Compatibility：電磁両立性）フィルタを取り付けることによって、インバータ自身から発生するノイズによって周辺機器が誤動作をするのを防ぐとともに、周辺機器からのノイズによる自身の誤動作を防止することができる。このフィルタは図5.22に示す通り正相分の伝導性ノイズを低減させるΔ接続のキャパシタ、ゼロ相分の伝導性ノイズを接地系へ逃がすためのY接続のキャパシタ、さらに放射ノイズを低減するためのコモンモードチョークとで構成されている。ここでコモンモードチョークは、一つのトロイダルコア（特殊な金属粉末を高温で焼結したドーナツ型の鉄心）に三つの巻

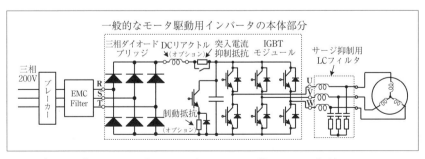

〔図5.21〕モータ駆動用インバータに取り付けられる各種フィルタ

線を施してこれに各相電流を流すものである。各相電流の瞬時値合計に比例した起磁力が鉄心中に発生することから、ゼロ相分の電流に対してのみそれを減衰させる向きに電圧を誘導する機能を有する。正相分、逆走分電流に対しては電圧を誘導しない。

また図5.21に示すインバータ出力側のサージ抑制用LCフィルタはインバータ出力電圧の立ち上がり、立ち下がりで発生するサージが引き起こすインバータ自身の損傷やモータの絶縁劣化を防止したり、配線長が長い場合のノイズ（放射・誘導）低減対策に有効である。

なお、DCリアクトルを設置して前述のEMCフィルタの代用をさせることができる。DCリンクの電流が平滑化されるときには、電源電流に含まれるスイッチング周波数成分が減衰されているはずである。

[コラム5.1] ゼロ相分について

教科書には、三相交流は平衡していると書かれている。すなわち電流でいえば各相の相電流の振幅は等しく、位相は120°ずつ異なっている。これは正相分と言われる理想の三相交流である。実際の回路では下式の具体例で示すように、正相分の他に逆走分（Back Sequence）とゼロ相分（Zero Sequence）の電流も存在している。

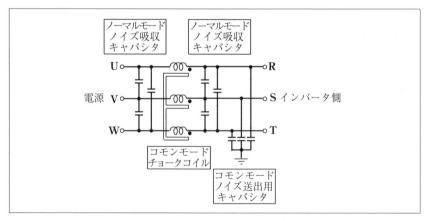

〔図5.22〕EMCフィルタの回路図

$$i_u = 10\sqrt{2}\sin\omega t \quad + \quad 2\sqrt{2}\sin\omega t \quad + 0.5\sqrt{2}\sin\omega t[A] = 12.5\sqrt{2}\sin\omega t \,[A]$$
　　　　正相分　　　　　　逆相分　　　　　ゼロ相分

$$i_v = 10\sqrt{2}\sin(\omega t - 120°) + 2\sqrt{2}\sin(\omega t - 240°) + 0.5\sqrt{2}\sin\omega t[A] = 8.85\sqrt{2}\sin(\omega t - 128.4°)\,[A]$$
　　　　正相分　　　　　　　逆相分　　　　　　　ゼロ相分

$$i_w = 10\sqrt{2}\sin(\omega t - 240°) + 2\sqrt{2}\sin(\omega t - 120°) + 0.5\sqrt{2}\sin\omega t[A] = 8.85\sqrt{2}\sin(\omega t - 231.6°)\,[A]$$
　　　　正相分　　　　　　　逆相分　　　　　　　ゼロ相分

　この場合、正相分は10[A]、逆相分は2[A]、ゼロ相分は0.5[A]である。正相分の相順が、位相の進んだ方から遅れた方へならべたとき、U→V→Wであるのに対して、逆相分の相順は、U→W→V、またゼロ相分では、三相がすべて同じ値すなわち同相となっている。逆走分やゼロ相分（Zero Sequence）が存在している各相電流を比較すると振幅は共通ではなくなり、また120°ずつの位相差ではなくなる。

　各相電流からゼロ相分を抽出するには、$i_0 = \frac{1}{3} \cdot (i_u + i_v + i_w)$ によればよい。これは正相分と逆相分が三相を加え合わせるといずれもちょうどゼロになるのに対して、ゼロ相分は3倍の値が残るからである。図5.22のコモンモードチョークはこの計算をアナログ的に行い、さらにゼロ相電流が検出された場合には、これを抑制するように誘導起電力を各相に発生している。

[コラム 5.2] インバータのサージ電圧

　サージ電圧とは、電気回路で瞬間的に発生するパルス状の電圧をいう。大きいサージ電圧は素子の破壊を招いてしまうこともあるし、小さいサージ電圧も機器の誤動作を招くことがある。インバータで問題となるのはIGBT等のパワー半導体素子のオフ時に素子に生じるサージ電圧と、モータ端子に発生するサージ電圧である。前者の原因はIGBT近傍の配線インダクタンスに蓄えられていた磁気エネルギー $0.5LI^2$ がオフ時に急速に消滅させられるためであり、IGBT内にコレクターからエミッタ方向に向けてサージ電圧が発生する。ちょうど電灯を消すときに、スイッチに火花が発生する現象と同じ理屈である。サージ電圧の波高値を下げ

るために磁気エネルギーを図5.23に示すスナバー回路のキャパシタへの静電エネルギー$0.5CE^2$に変換させている。ここでCの値がIGBT内の等価静電容量より増やされたことでEが下げられる。なお、スナバー回路のキャパシタ放電時にはダイオードは介さずRC放電回路で行わせている。これは、Rで損失は生じるもののIGBT再オン時に起こる放電のピーク電流をE/R[A]に押さえてIGBT素子を破壊させないためである。

後者のサージ電圧はケーブル等の分布定数線路がインバータと負荷のモータ間に使用された場合に顕著になるものでその抑制には図5.21に示したサージ抑制用LCフィルタが有効である。サージ電圧が完全に抑制できたとしてもモータの1次側巻線に対しては方形波電圧による絶縁劣化の進行は避けられない。これを遅らせるためにはインバータの基本構成を2レベルから3レベルにする以外ない。

ここでサージ電圧がケーブル配線で生じる様子をシミュレーションしてみよう。

まず、同軸ケーブルの心線の半径をa[m]、外皮の半径をb[m]としたとき、単位長あたりのインダクタンスLとキャパシタンスCは以下の通りである。

$$L = \frac{\mu}{2\pi} \log_e \frac{b}{a} \text{ [H/m]}, \quad C = \frac{2\pi\varepsilon}{\log_e \frac{b}{a}} \text{ [F/m]} \quad \cdots\cdots (5.17)$$

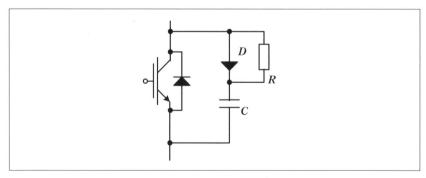

〔図5.23〕IGBT に付けられる RCD スナバー

したがって、パルス電圧の伝搬速度 v とサージインピーダンス Z は以下の通りとなる。

$$v = \frac{1}{\sqrt{LC}} = \frac{1}{\sqrt{\varepsilon\mu}} = \frac{1}{\sqrt{\varepsilon_s \mu_s}\sqrt{\varepsilon_0 \mu_0}} = \frac{3 \times 10^8}{\sqrt{\varepsilon_s \mu_s}} \text{ [m/s]}$$

$$Z = \sqrt{\frac{L}{C}} = \frac{1}{2\pi}\sqrt{\frac{\mu}{\varepsilon}} \log_e \frac{b}{a} = 60\sqrt{\frac{\mu_s}{\varepsilon_s}} \log_e \frac{b}{a} \text{ [Ω]}$$

・・・・・(5.18)

今、$Z=20[Ω]$、インバータの等価内部抵抗 $R=4[Ω]$ として、負荷端電圧の推移を求めてみよう。なお負荷側は開放で考える。まずA点（インバータ出力端）とB点（負荷端）で起きる電圧波の反射係数を考えよう。

図5.24で示すインバータ出力端Aと負荷端Bに進入してくる入力波の電圧、電流を e_1, i_1 またA点、B点で反射した反射波のそれを e_1'、i_1' としたとき、

$$e_1/i_1 = e_1'/i_1' = Z$$ ・・・・・・・・・・・・・・・・・・・・・・・・(5.19)

の関係が成立している。

A点、B点における電圧 e_2、電流 i_2 は、

$$e_2 = e_1 + e_1', \quad i_2 = i_1 + i_1'$$ ・・・・・・・・・・・・・・・・・・・(5.20)

である。そして端子における境界条件は、端子に接続されている抵抗値

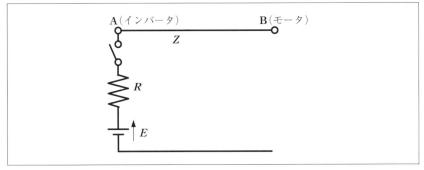

〔図5.24〕ケーブル配線で生じるサージ電圧を考えるためのモデル

を $R[\Omega]$ としたとき、

$$e_2/i_2 = R \quad \cdots\cdots\cdots\cdots\cdots\cdots\cdots\cdots\cdots\cdots\cdots\cdots (5.21)$$

である。以上の三つの式を連立して以下の結論を得る。

$$反射係数：\xi\ e_1'/e_1 = i_1'/i_1 = (R-Z)/(R+Z) \quad \cdots\cdots\cdots (5.22)$$

(5.22) 式を用いて、A 点（インバータ出力端）、B 点（負荷端）の反射係数を求めると、それぞれ−2/3 と 1 になる。

図 5.24 のスイッチが閉じられたとき、振幅 $E \times Z \div (R+Z) = {}^5\!/_6 E$ の進行波が A 点から B 点に向けて伝搬していく。B 点では全反射が起こり同じ振幅 ${}^5\!/_6 E$ の反射波が図 5.24 で左方向に伝搬していく。A 点に到達した反射波は、B 点に向けて今度は振幅 ${}^5\!/_6 E \times ({}^{-2}\!/_3) = {}^{-5}\!/_9 E$ で伝搬していく。この様子をまとめると図 5.25 のようになる。

また、図 5.26 には、B 点の電圧の推移を示している。スイッチを閉じて $T=L/v[s]$ 後に $e_B=(5/6+5/6)E=1.67E$ まで電位が上昇する。なお、L はケーブルの長さ、v は (5.18) 式で示されたケーブル固有のパルス伝搬速度である。$T=3 \cdot L/v[s]$ 後には、$e_B=(5/6+5/6-5/9-5/9)E=0.56E$ まで電位が下降する。その後は図 5.26 に示すように、1.30, 0.80, … と推移する。最終的には、等比数列の級数和の公式から、

$$e_B = \frac{初項}{1-公比} = \left(\frac{10/6}{1+2/3}\right)E = 1 \cdot E$$

と入力パルスの振幅に収束する。

[演習 5.2]

下記の記述中の空白箇所に記入する語句または式として、正しいものを組み合わせたものはどれか。(2005 年電験 3 種機械　問 10)

可変速ドライブシステムで最も用いられている電動機は（ア）である。電源の電圧 V と周波数 f が一定ならばトルクは（イ）の関数となる。（イ）

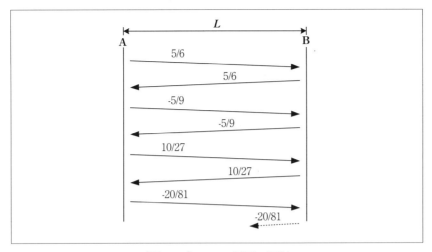

〔図 5.25〕パルス電圧の反射

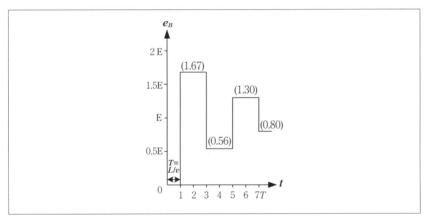

〔図 5.26〕パルス到達直後の B 点の電圧 e_B の推移

が零の時トルクは零で、(イ)が増加するにつれてトルクはほぼ直線的に増加し、やがて最大トルクに達する。最大トルクを超えると(イ)が増加するにつれてトルクは減少する。同期速度を超えて回転子の速度が上昇すると(ア)は(ウ)として動作する。

電源の周波数を変化させるときでも、トルクー速度曲線は一定の直線に沿って平行移動するような特性を得たい、すなわち周波数を高くした

ときでも最大トルクの変化を小さくするためには、(エ) が一定になるように制御すればよい。

	(ア)	(イ)	(ウ)	(エ)
(1)	同期電動機	滑り	同期発電機	$V \cdot f$
(2)	永久磁石同期電動機	電機子電流	誘導発電機	V
(3)	誘導電動機	滑り	同期発電機	$V \cdot f$
(4)	永久磁石同期電動機	電機子電流	誘導発電機	V/f
(5)	誘導電動機	滑り	誘導発電機	V/f

[解]
(5)
図 5.11 参照

[演習 5.3]
下記の記述中の空白箇所にあてはまる語句として、正しいものを組み合わせたものはどれか。(2008 年電験 3 種機械 問 6)

主な電動機として、同期電動機、誘導電動機及び直流電動機がある。堅固で構造も簡単な電動機は (ア) 誘導電動機である。この電動機は、最近では、トルク制御と励磁制御を分離して制御可能な (イ) 制御によって、直流電動機とそん色ない速度制御が可能になった。

回転速度が広範囲で精密な制御が簡単にできるのは直流電動機である。この電動機は、従来ブラシと (ウ) により回転子に電力を供給していた。最近よく使用されているブラシレス直流電動機 (ブラシレス DC モータ) は、回転子に (エ) を組み入れて、効率の向上、保守の簡易化が図られたものである。また、同期電動機は、供給電源の周波数に同期した速度が要求されるものに使用される。

	(ア)	(イ)	(ウ)	(エ)
(1)	かご形	ベクトル	整流子	永久磁石
(2)	巻線形	スカラ	スリップリング	銅バー
(3)	かご形	スカラ	スリップリング	永久磁石
(4)	かご形	スカラ	整流子	銅バー
(5)	巻線形	ベクトル	整流子	永久磁石

[解]
(1)
　ブラシレス DC モータと永久磁石同期電動機のインバータ駆動では、印可電圧波形が異なる。前者はいわゆる 1 パルスの方形波であり、後者の場合は PWM 波形（疑似正弦波）となっている。

第6章

永久磁石電動機の三相インバータを用いた駆動

永久磁石同期電動機は、従来の界磁用直流電源を必要とする同期電動機に比べて励磁電源が不要で高効率であることから最近使用例が増えつつある。しかし磁極の回転位置で決まる内部誘導起電力 e の位相とインバータの出力電圧 v の位相とは絶えず同期が取れていること、すなわち両者の位相差 δ が出力に応じて決まる一定値に保持されることが要求されるので、速度や位置の精密制御を行おうとする場合には e の位相が原理的に高精度で検出できる回転位置検出器の設置が必要である。図 6.1 の左側の埋め込み形永久磁石同期電動機（IPMSM）では軸の左端に回転位置検出器（ロータリーエンコーダ）が付けられている。

6.1　永久磁石同期電動機のトルク発生原理

同期電動機のトルク発生機構は誘導電動機に比べると多少単純で、図 6.2 で示すように N 極と S 極間に働く吸引力、すなわちマグネットトルクが基になっている。固定子の構造は図 5.1 で示した誘導機の固定子と基本的に一緒であり、空間的に 120° の間隔で配置された 3 個の固定子巻線に三相交流電流が流れると回転磁界が発生する。これに永久磁石が組み込まれた回転子が同じ速度でついて回るわけである。両者の速度が同一で位置関係が変わらないことから同期電動機という名前が与えられている。

三相交流電流が作り出す回転磁界と回転子磁極が固定子の磁界、合成

〔図 6.1〕永久磁石電動機（6P、2.2kW、8.6A、1750rpm）とかご形誘導電動機
　　　　（4P、2.2kW、9.8A、1750rpm）

磁界を作り出す。回転子磁極が合成磁界の方向から何度遅れているかを負荷角 δ という。

　機械的な負荷がゼロのときには、δ はゼロとなる。負荷が重くなると δ は増大していき、回転子が磁気的に均一な表面磁石機の場合には $\delta=90°$ で最大トルクを発生する。図 6.3 には回転子磁極の回転によって、その磁束の電機子（＝固定子）巻線への鎖交磁束数が変化するために発生する誘導起電力 e（大きさは $|e|=\sqrt{3/2}p\cdot 2\pi n\phi_a = \omega\cdot\Psi$、$p$ は極対数、n は回転速度 [rps]、ϕ_a は永久磁石による固定子巻線への磁束鎖交数 [Wb]、$p2\pi n=\omega$、$\Psi=\sqrt{3/2}\cdot\phi_a$ である。e を内部誘導起電力という。）、電源電圧 v、電機子電流が作る磁束により電機子巻線に発生する電圧（電機子反作用による電圧という）$jX_s i$、電機子電流 i の各空間ベクトルに

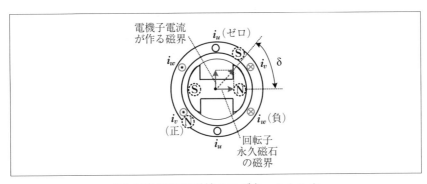

〔図 6.2〕同期電動機のマグネットトルク

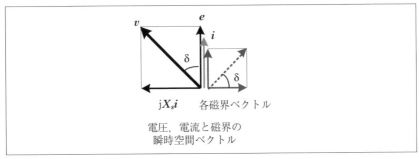

〔図 6.3〕電機子巻線抵抗を無視したときの空間ベクトル

付け加えて磁界のベクトルも描かれている。このように電圧と電流の空間ベクトルを磁界の空間ベクトルと同一の図面に描けるのはモータ内の三相巻線が空間的に120°の間隔で配置されていることによる。

電動機の場合には e は v に対して遅れ位相となるのは、二つの電源間の交流電力の流れは位相の進んだ方から遅れた方に流れるという送電工学の理論に合致している。e に交流電流が流れ込んでそれが機械動力に変換されるわけである。なお、図6.2や図6.3では e と i が同相とされているが、これは図を簡潔にするためであって一般的ではないことを断っておく。

[演習6.1]
　三相同期電動機が定格電圧3.3[kV]で運転している。ただし、この電動機は星形結線で1相あたりの同期リアクタンスは10[Ω]である。また電機子抵抗、損失及び磁気飽和は無視する。次の(a)、(b)に答えよ。
(2012年電験3種機械　問16)

(a) 負荷電流（電機子電流）110[A]、力率 $\cos\phi=1$ で運転しているときの1相あたりの電機子巻線に回転子磁極の回転によって発生する誘導起電力 E[V] の値として最も近いのはどれか。
　(1) 1100　(2) 1600　(3) 1900　(4) 2200　(5) 3300
(b) 上記(a)の場合と印可電圧と出力は同一で、界磁電流を1.5倍とし

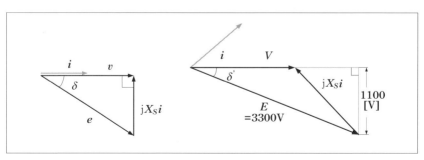

〔図6.4〕演習6.1

たときの負荷角を δ' として、$\sin\delta'$ の値として最も近いのはどれか。
(1) 0.250 (2) 0.333 (3) 0.500 (4) 0.707 (5) 0.866

[解]
(a) － (4)、(b) － (2)

(a)
$$E=\sqrt{V^2+(X_S \cdot I)^2}$$
$$=\sqrt{(3300/\sqrt{3})^2+(10\times110)^2}=2200[\mathrm{V}]$$

(b) E は、界磁電流に比例して 1.5 倍の 3300V になる。
出力 $P=3E \cdot V \cdot \sin\delta/X_s[\mathrm{W}]$ は変わらないので $E\sin\delta'=1100[\mathrm{V}]$ のままである。

[演習 6.2]
交流電動機に関する記述として、誤っているものを次の (1) ～ (5) のうちから一つ選べ。(2011 年電験 3 種機械　問 5)

(1) 同期機と誘導機は、どちらも三相電源に接続された固定子巻線（同期機の場合は固定子巻線、誘導機の場合は 1 次側巻線）が、同期速度の回転磁界を発生している。発生するトルクが回転磁界と回転子との相対位置の関数であれば同期電動機であり、回転磁界と回転子との相対速度の関数であれば誘導電動機である。
(2) 同期電動機の電機子端子電圧を $V[\mathrm{V}]$（相電圧実効値）、この電圧から電機子電流の影響を除いた電圧（内部誘導起電力）を $E_0[\mathrm{V}]$、V と E_0 との位相差を $\delta[\mathrm{rad}]$、同期リアクタンスを $X[\Omega]$ とすれば、三相同期電動機の出力は、$P=3E_0 \cdot V \cdot \sin\delta/X[\mathrm{W}]$ である。
(3) 同期電動機では、界磁電流を増減することによって、入力電流の力率を変えることができる。電圧一定の電源に接続した出力一定の同期電動機の界磁電流が減少していくと、V 曲線に従って電機子電流が推移し、力率 100% で電機子電流が最大となる。
(4) 同期調相機は無負荷運転の同期電動機であり、界磁電流が作る磁束

に対する電機子反作用による増磁作用や減磁作用を積極的に活用するものである。
(5) 同期電動機では、回転子の磁極面に設けた制動巻線を利用して停止状態からの始動ができる。

[解]
(3) が誤り、正しくは、力率100%で電機子電流が最小となる。

6.2 永久磁石同期電動機の基本式

同期電動機の解析にはd軸方向を永久磁石のN極の方向にとり、互いに直交するd-q回転座標系がよく利用される。これは各瞬時空間ベクトルが静止して見える、すなわち直流量になることの他に、さらに回転子の直径の取り方による磁化特性の違いを正確に反映した解析が可能となるからである。定常時の各瞬時空間ベクトルの関係は図6.5の通りである。ここで$j\omega L_d i_d$と$j\omega L_q i_q$は電機子反作用による誘導電圧である。jは、本来コイルの誘導電圧は鎖交磁束の微分で求められ電圧の位相は磁束より90°進むことを示す交流理論の記号であるが、ここでは空間的に90°

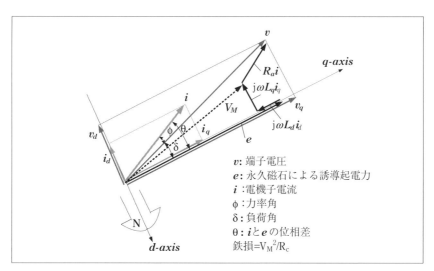

〔図6.5〕定常時の各瞬時空間ベクトルの関係

反時計回りに回転することを意味する記号として使用している。確かに三相量の位相が90°進むと空間ベクトルも90°回転することは図5.4の回転磁界の説明で示した通りである。

解析の基になる同期電動機のd-q軸上での回路方程式は(6.1)式の通りである。いずれの軸上の電圧とも右辺第1項は電機子巻線抵抗降下、第2項は変圧器起電力、第3項が電機子反作用と界磁磁束による速度起電力である。定常時には第2項はゼロになる。

$$v_d = R_a i_d + L_d \frac{di_d}{dt} - \omega L_q i_q$$
$$v_q = R_a i_q + L_q \frac{di_q}{dt} + \omega (L_d i_d + \Psi) \quad \cdots\cdots (6.1)$$

定常時のトルク τ は、電気入力 $v_d i_d + v_q i_q$ から銅損を差し引いた後、回転角速度で割れば求められる。すなわち、

$$\tau = \{v_d i_d + v_q i_q - R_a (i_d^2 + i_q^2)\} / \omega_m$$
$$= -p L_q i_q i_d + p(L_d i_d + \Psi) i_q \quad \cdots\cdots (6.2)$$
$$= p\{\Psi i_q - i_d i_q (L_q - L_d)\}$$

最後の式の右辺第1項は三相交流電流が作る磁石と回転子の異性の永久磁石の間の吸引力すなわちマグネットトルクを示す。また第2項は永久磁石が埋め込まれた方向すなわちd軸方向とそれと電気角で直角な方向すなわちq軸方向で磁気抵抗が異なる場合に発生するトルクでリラクタンストルクと言われる項である。

表面磁石タイプの同期機では $L_d = L_q$ であるのでリラクタンストルクの発生はない。このタイプの同期機には、最大効率が引き出しやすいという特長がある。一方埋込磁石タイプでは $L_d < L_q$ であるので、d軸電流を負、すなわち永久磁石の磁束を打ち消そうとする電流を流してやれば、リラクタンストルクが利用できるので出力を上げることができる。

図6.6に、回転速度の制御システムを示す。

図6.6で検出しているのは、モータの2相分の電流 i_u と i_v、および回転子の回転位置である。電流はホール素子を、また回転位置はロータリ

ーエンコーダを用いて測定できる。なお、電気角速度 ω は位置を微分して機械角速度を求め、これに極対数 p を乗じて求める。

6.3 永久磁石同期電動機の運転方法

永久磁石同期電動機は、回転子回路に巻線がないので回転子銅損がゼロであるので、誘導電動機と比べたとき効率が高い。またトルクの発生にマグネットトルクとリアクタンストルクの両方が利用できるという利点もある。これらを踏まえて、以下のような運転方法が提案されている。

(1) 最大トルク運転法

これは、「電機子電流は一定という条件で、いかに d-軸電流（減磁方向）と q-軸電流を振り分けると最大トルクが得られるか。」を (6.2) 式をもとに計算で求めておいて、図 6.6 の各電流指令値として与えるものである。具体的な解法は以下の通りである。トルクの式の i_d, i_q を図 6.5 の θ、すなわち内部誘導起電力と電機子電流の位相差を使って表すと、(図 6.5 のように弱め界磁のときは、θ は負である)

$$i_d = i \cdot \sin\theta, \quad i_q = i \cdot \cos\theta$$

これを、(6.2) 式に代入すると

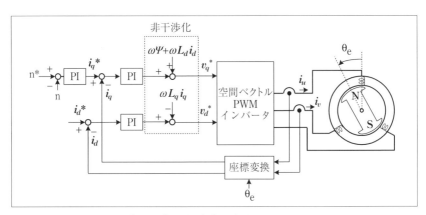

〔図 6.6〕回転速度の制御システム

$$\tau = p\{\Psi i\cos\theta - i^2\cos\theta\cdot\sin\theta(L_q - L_d)\}$$

τ の最大値を与える θ では、微分係数がゼロになる。すなわち

$$\frac{d\tau}{d\theta} = p\{-\Psi i\sin\theta - i^2(L_q - L_d)(\cos^2\theta - \sin^2\theta)\} = 0$$

$$-\Psi\sin\theta + i(L_q - L_d)(2\sin^2\theta - 1) = 0$$

$$2\sin^2\theta - \frac{\Psi}{i(L_q - L_d)}\sin\theta - 1 = 0$$

2次方程式の根の公式から $\sin\theta$ を求めると

$$\sin\theta = \frac{\Psi - \sqrt{\Psi^2 + 8i^2(L_q - L_d)^2}}{4i(L_q - L_d)} \qquad (6.3)$$

図6.7に、図右側の電動機パラメータでのトルク τ を(6.2)式を用いて計算した結果を示している。(6.3)式の値、$\sin\theta = -0.425$、$\theta = -25.2°$で最大トルクが出力されることが確認できる。

(2) 最大効率運転法

この方法は、同期電動機の損失として1次銅損と鉄損を取り上げ、その合計を最小とするものである。1次銅損は電機子電流の二乗に比例し、一方鉄損は図6.5の V_M の二乗に比例すると考えられる。銅損を小さく

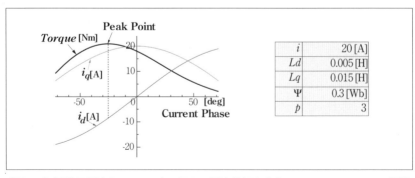

〔図6.7〕電機子電流を20[A]一定に保ち、電流位相を変化させたときのトルクの特性

するには力率を 1、すなわち無効電流はゼロにするのが有効になるが、一方鉄損は減磁の程度を増した方が、すなわち進み無効電流を流すと低減できる。両者の折り合いを付け合計損失を最小とする電流は (6.4) 式を用いて算出できる。

$$i_d{}^* = \frac{\sqrt{1.5}\,\phi_a}{2(L_q - L_d)} \frac{R_a + b \cdot (2-\gamma)}{R_a + b}$$
$$- \sqrt{\frac{1.5\phi_a^2}{4(L_q - L_d)^2} \cdot \left(\frac{R_a + b \cdot \gamma}{R_a + b}\right)^2 + i_q^{*2} \cdot \frac{R_a + b \cdot \gamma^2}{R_a + b}} \quad \cdots\cdots (6.4)$$

ここで、

$$b = \frac{(\omega L_d)^2}{R_c}、\quad \gamma = \frac{L_q}{L_d}、\quad R_c は鉄損抵抗、R_a は電機子巻線抵抗、$$
ϕ_a は永久磁石による固定子巻線磁束鎖交数

6．4　永久磁石同期電動機の定数測定法

　永久磁石モータのトルクを計算したり、制御系を設計するには、モータ定数がいくらかを知る必要がある。測定の簡単さから対象とするモー

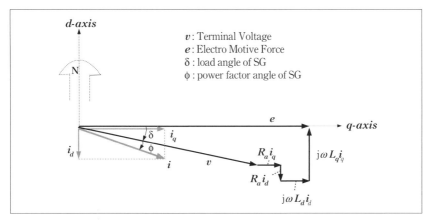

〔図 6.8〕永久磁石発電機の等価回路

タを他の電動機で駆動して発電機にする。図 6.8 は永久磁石発電機のベクトル図である。

電機子巻線抵抗 R_a は、かご形三相誘導電動機の場合と同様な方法、直流電圧降下法で求める。三相の 2 端子間の抵抗を測定して、それを 2 で割って求める。さらに温度補正により一般的な使用環境の 75℃ に換算している。すなわち (6.5) 式のように求める。

$$R_a = \frac{R}{2} \times \frac{234.5 + 75}{234.5 + t} [\Omega] \quad \cdots\cdots\cdots\cdots\cdots\cdots\cdots\cdots\cdots (6.5)$$

ただし、R：測定された抵抗値 $[\Omega]$、t：測定時の周囲温度 $[℃]$

図 6.8 から、電圧に関する方程式が得られ、さらに L_d、L_q の算出式も求まる。

$$\begin{aligned}
&v\cos\delta + R_a i_q + \omega L_d i_d = e, \\
&\therefore L_d = \frac{e - v\cos\delta - R_a i_q}{\omega i_d} = \frac{e - v\cos\delta - R_a i \cdot \cos(\delta + \phi)}{\omega i_d} \\
&v\sin\delta + R_a i_d - \omega L_q i_q = 0, \\
&\therefore L_q = \frac{v\sin\delta + R_a i_d}{\omega i_q} = \frac{v\sin\delta + R_a i \cdot \sin(\delta + \phi)}{\omega i_q}
\end{aligned} \quad (6.6)$$

(6.6) 式に代入する値は、発電機端子電圧 v、電機子電流 i、内部誘導起電力 e、角周波数 ω、さらに負荷角 δ と力率角 ϕ である。v と i はこれらが正弦波波形であることからディジタルパワーメータ等で容易に測定できる。ω も同様である。ただし i を (6.6) 式に代入するときには、相電流 i_u の実効値を $\sqrt{3}$ 倍する。e は発電機を無負荷にしておいて、回転速度を変えないで端子電圧を測定すれば直接求まる。負荷角 δ と力率角 ϕ は v_{uv} と i_u さらに磁極位置検出用ロータリエンコーダからのクリア信号のオシログラフから読み取る。図 6.9 に要点を示す。読み取りにあたっては、v_u のゼロクロス点を v_{uv} のそれからグラフで 30°右側の点に求めることが先決である。

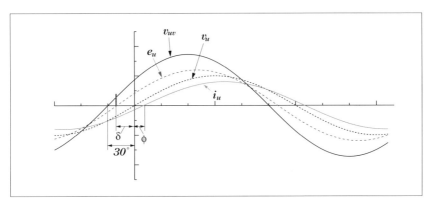

〔図 6.9〕L_d、L_q 測定のためのオシログラフ

第7章
系統連系用のインバータ

本章で取り上げる風力発電や太陽光発電で使用される系統連系用のインバータにおいては、第5章、第6章で取り上げたモータ駆動用の可変電圧可変周波数（VVVF）インバータとは異なり、電圧と周波数のいずれも一定である。図2.14に示したPWMコンバータは、電力変換が双方向であるという特性を有するので系統連系、すなわちDC→ACの電力変換が実施できる。

7.1　主回路の概要

図7.1は、分散電源の主回路を示している。ここで三相PWMインバータは系統の電圧、周波数に追従ができ、太陽光発電等によって得られた直流電力を系統に効率よく供給する機能を有しなくてはいけない。またインバータは三相出力電流を力率1の正弦波に波形制御をすることも求められる。このような三相PWMインバータの電流制御は以下の原理で行われる。

インバータは系統電圧の位相を検出し、それより自身の出力電圧位相をどれだけ進めるかを調節することで逆潮流電力量を制御している。ここでLはインターフェースフィルタとよばれるACフィルタインダクタである。このフィルタに三相PWMインバータが作り出す電圧（v_{1u}等）と系統電源電圧（v_{2u}等）との差の電圧（$v_{1u}-v_{2u}$等）がかかり、ファラデーの法則に従って線電流（i_{lu}等）が流れる。このLは、線電流に含まれるPWMキャリアー成分除去の効果も果たしている。電流制御の成否の

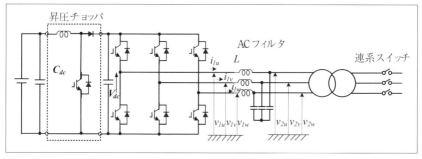

〔図7.1〕三相PWMインバータが組み込まれた分散電源の主回路

多くは系統の電圧位相の検出を行う位相同期回路（Phase Locked Loop Circuit：PLL）が高精度か否かにかかっている。

なお、半導体スイッチに逆並列にダイオードが入っているために、直流側電圧 V_{dc} は、電源電圧線間最大値より大きな値に設定する必要がある。図 7.1 では、太陽電池等の電圧を昇圧チョッパーで上げて運転条件を満足させている。

7.2　オープンループによる電流制御法

三相電流 (i_{1u}, i_{1v}, i_{1w}) を (3.1) 式を用いて 2 次元の瞬時空間ベクトルに変換すると、図 7.2 の α-β 静止座標系上を電源周波数と同じ回転数で等速円運動をすることは 3.3 節で説明した通りである。今それを系統電源に同期して回転する d-q 同期回転座標で捉えると、平衡した歪みのない電流の場合には、図 7.2 に示すように各成分が直流量となる。これは、2 台の並走する車から、互いを見るとき止まって見えるのと同じ理屈である。ここで系統連系用変圧器低圧側三相電圧の瞬時空間ベクトル v_2 の方向に d 軸方向を取ると i_{1d} は瞬時有効分電流を、一方 i_{1q} は瞬時無効分電流を表すことになる。すなわち、瞬時空間ベクトルを d-q 同期回転座標上でとらえると、瞬時有効電力 p は、(7.1) 式のように求められる。

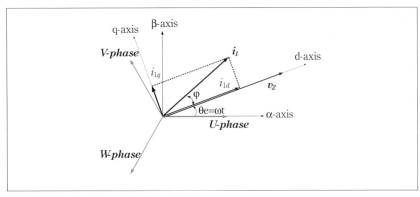

〔図 7.2〕d-q 同期回転座標

$$p = v_{2d} \times i_{1d} + v_{2q} \times i_{1q} = v_2 \times i_{1d} \quad \cdots\cdots\cdots\cdots\cdots\cdots\cdots\cdots \quad (7.1)$$

なお、図7.2の瞬時空間電圧と瞬時空間電流ベクトルの位相差 φ はフェーザ図の位相差と定常状態においては等しいことは興味深いことである。

図7.3は、電流制御系の構成を示したものである。インバータの電流制御は、三相一括に瞬時空間ベクトルの各成分を対象として行われているので、制御量が直流となり制御が容易に行える。すなわち積分制御がその有効性を発揮して、定常偏差がゼロにされる。

以下の (7.2) 式を用いれば、三相のうちの2相分の瞬時値 i_{1u}、i_{1v} から、i_{1d}、i_{1q} が直接算出できる。図7.3の 3ϕ（3相） → dq 変換も (7.2) 式により行われている。なお、電源電圧位相 θ_e の検出には一般にはPLL回路（位相同期回路）が用いられる。

$$\begin{bmatrix} i_{1d} \\ i_{1q} \end{bmatrix} = \sqrt{2} \begin{bmatrix} -\sin(\theta_e - 2/3\pi) & \sin\theta_e \\ -\cos(\theta_e - 2/3\pi) & \cos\theta_e \end{bmatrix} \begin{bmatrix} i_{1u} \\ i_{1v} \end{bmatrix} \quad \cdots\cdots\cdots\cdots \quad (7.2)$$

図7.3に示す通り、三相PWMインバータの制御系は、2重ループで構成される。外側のループは三相PWMインバータ交流側電流の瞬時有

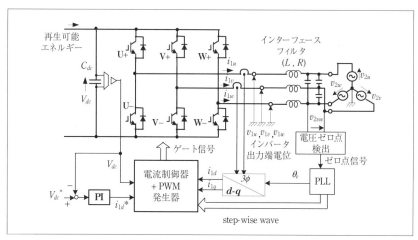

〔図7.3〕系統連系用三相PWMインバータの制御回路

効分電流指令値 $i_{1d}{}^*$ を作成するためのものである。図 7.3 で、左側から流入する再生可能エネルギーが増加したとき、系統へ注入する逆潮流電力がもとのままだと、キャパシタに流入する電力が流出する電力より大きくなるのでキャパシタの電圧 V_{dc} が上昇する。そこで逆潮流電流の指令値 $i_{1d}{}^*$ を上げてやると流入と流出の電力が再びつりあい、V_{dc} を規定値 $V_{dc}{}^*$ にもどすことができる。一方内側の制御ループは目標値 $i_{1d}{}^*$ に実際の電流 i_{1d} を一致させるための電流ループである。

最も簡単な電流ループは、オープンループ構成としたものであり、図 7.4 のベクトル図を基に三相 PWM インバータが出力すべき瞬時空間電圧ベクトルの振幅と位相とを (7.3) 式のように決定するものである。ここで、$|v_2|$ は系統側電源の線間電圧実効値、ω は系統側電源角周波数である。

$$|v_1| = \sqrt{|v_2|^2 + (\omega L \cdot i_{1d}{}^*)^2}, \quad \delta = \tan^{-1}\left(\frac{\omega L \cdot i_{1d}{}^*}{|v_2|}\right) \quad (7.3)$$

[演習 7.1]

(7.2) 式を誘導せよ。

[解]

まず、i_{1w} をキルヒホッフの電流則から $-(i_{1u}+i_{1v})$ と求める。次に各相電流 (i_{1u}, i_{1v}, i_{1w}) に、図 7.3 に示す通り、それぞれ角度が 0°、120°、240°

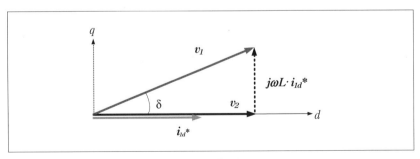

〔図 7.4〕各電圧の瞬時空間ベクトル

の方向を与えた後、θ_e の方向への投影を求める。最後に、それらを足し合わせれば i_{1d} が求まる。すなわち

$$i_{1d} = \sqrt{\frac{2}{3}} \{i_{1u} \cdot \cos\theta_e + i_{1v} \cdot \cos(\theta_e - 120°) - (i_{1u} + i_{1v}) \cdot \cos(\theta_e - 240°)\}$$

$$= \sqrt{\frac{2}{3}} \{\cos\theta_e - \cos(\theta_e - 240°)\} i_{1u} + \{\cos(\theta_e - 120°) - \cos(\theta_e - 240°)\} i_{1v}$$

$$= \sqrt{2} \cdot \{\cos(\theta_e - 30°) \cdot i_{1u} + \cos(\theta_e - 90°) \cdot i_{1v}\}$$

$$= \sqrt{2} \cdot \{-\sin(\theta_e - 120°) \cdot i_{1u} + \sin\theta_e \cdot i_{1v}\}$$

となる。i_{2q} については、$(\theta_e + 90°)$ の方向への、前述の各相電流の投影を求めればよい。すなわち、

$$i_{1q} = \sqrt{\frac{2}{3}} \{i_{1u} \cdot \cos(\theta_e + 90°) + i_{1v} \cdot \cos(\theta_e - 30°) - (i_{1u} + i_{1v}) \cdot \cos(\theta_e - 150°)\}$$

$$= \sqrt{\frac{2}{3}} \{\cos(\theta_e + 90°) - \cos(\theta_e - 150°)\} i_{1u} + \{\cos(\theta_e - 30°) - \cos(\theta_e - 150°)\} i_{1v}$$

$$= \sqrt{2} \cdot \{\cos(\theta_e + 60°) \cdot i_{1u} + \cos\theta_e \cdot i_{1v}\}$$

$$= \sqrt{2} \cdot \{-\cos(\theta_e - 120°) \cdot i_{1u} + \cos\theta_e \cdot i_{1v}\}$$

[演習 7.2]
　図 7.3 において、周波数 60[Hz]、系統線間電圧 220V、インターフェースフィルタは 5mH、としたとき、10A の有効電流を逆潮流させたいときのインバータ出力電圧の大きさ $|v_1|$ と位相 δ を求めよ。
[解]
　(7.3) 式より、

$$|v_1| = \sqrt{220^2 + (120\pi \times 0.005 \times 10\sqrt{3})^2} = 222 [V]$$

$$\delta = \tan^{-1}(\frac{120\pi \times 0.005 \times 10\sqrt{3}}{220}) = 8.44°$$

第7章 系統連系用のインバータ

[演習 7.3]

次の文章は、電圧形自励インバータに関する記述である。文中の空欄に当てはまる最も適切な語句または式を回答群の中から選びなさい。
(2010年電験2種機械 問3の改題)

図 7.1 は、太陽光発電出力を逆潮流させるための三相 PWM (パルス幅変調) インバータである。その直流側電圧を V_{dc} とする。三相の商用周波数の正弦波信号波を数キロヘルツの (①) の搬送波と比較してパルス幅変調して各相の電圧を発生させたとき、相電圧の基本波の振幅は (②) (信号波振幅の搬送波振幅に対する比) k ($k<1$) に比例して変化し、$k=1$ のときは $V_{dc}/2$ となる。このことから、線間電圧の基本波実効値は (③) となる。ただしデッドタイムなどの影響は考慮しないものとする。

このインバータの交流側は連系リアクトルを介して系統に連系し、直流側は太陽電池アレイを接続して太陽光発電を行うものとする。太陽電池によって (④) が確立してからインバータを始動し、交流電圧の位相及び振幅を系統に一致させてから系統に連携して運転する。始動後は、最大電力点追従 (MPPT) 制御などによって設定された値になるように (④) を制御する。そのためには、太陽電池出力が大きくなったときにはインバータの出力有効電力を大きくするように制御する。出力有効電力を大きくしたとき、インバータの出力電圧の基本波の位相は系統電圧に対して (⑤) ことになる。

一方、無効電力については 0 として力率が 1 になるようにすることが多い。

解答群 (イ) 直流電圧 (ロ) 正弦波 (ハ) 三角波
(ニ) 直流電流 (ホ) 方形波 (ヘ) $\dfrac{V_{dc}}{\sqrt{2}}k$
(ト) $\dfrac{\sqrt{3}V_{dc}}{2\sqrt{2}}$ (チ) ひずみ率 (リ) $\dfrac{V_{dc}}{2\sqrt{2}}k$
(ヌ) 変調率 (ル) 一致する (ヲ) より遅れる
(ワ) 波形率 (カ) 直流電力 (ヨ) より進む

[解]

①-(ハ)、②-(ヌ)、③-(ト)、④-(イ)、⑤-(ヨ)

解説：自励インバータとは、IGBT のゲートに印可する信号で出力電圧が自由に作れるものを言う。自励に対する語は他励である。他励インバータでは、ゲート信号ばかりではなく電源電圧や負荷電圧の波形変化にも依存して出力電圧が形成される。

ここでは、古典的な三角波－信号波比較 PWM を行っているため③の解は（ト）となる。空間ベクトル変調の場合には出力電圧が $\frac{V_{dc}}{\sqrt{2}}k$ となり最大出力電圧が三角波－信号波比較と比べて $2/\sqrt{3}=1.15$ 倍にできる。(3.7節参照)

7.3 フィードバック電流制御法

前節のオープンループ制御法は、インダクタの値の不確か性や系統電源の大きさが変わることがあると、電流が変化してしまうので現実的な制御法ではない。フィードバック電流制御を実施すれば、精密に電流制御ができる。

まず、各相毎の回路方程式は、キルヒホッフの第2法則を用いて(7.4)式のように求められる。

$$v_{1u} = Ri_{1u} + L\frac{di_{1u}}{dt} + v_{2u}$$
$$v_{1v} = Ri_{1v} + L\frac{di_{1v}}{dt} + v_{2v} \quad \cdots\cdots\cdots\cdots\cdots\cdots \quad (7.4)$$
$$v_{1w} = Ri_{1w} + L\frac{di_{1w}}{dt} + v_{2w}$$

ここで、v_{1u}、v_{1v}、v_{1w} は Y 接続された系統三相電源の中性点を電位ゼロとしたときの各相のインバータ出力電圧であり、i_{1u}、i_{1v}、i_{1w} は各相のインバータ出力電流、R と L はインターフェースフィルタの抵抗とインダクタンス、v_{2u}、v_{2v}、v_{2w} が Y 接続された系統三相電源の相電圧である。

次に、(7.4) 式の v 相の式に $e^{j\frac{2}{3}\pi}$、w 相の式には $e^{-j\frac{2}{3}\pi}$ をそれぞれ両辺にかけた後、三つの式を足し合わせると以下の (7.5) 式を得る。す

第7章 系統連系用のインバータ

なわち

$$v_{1u} + v_{1v} \cdot e^{j\frac{2}{3}\pi} + v_{1w} \cdot e^{-j\frac{2}{3}\pi} = R(i_{1u} + i_{1v} \cdot e^{j\frac{2}{3}\pi} + i_{1w} \cdot e^{-j\frac{2}{3}\pi})$$
$$+ L \cdot \frac{d(i_{1u} + i_{1v} \cdot e^{j\frac{2}{3}\pi} + i_{1w} \cdot e^{-j\frac{2}{3}\pi})}{dt}$$
$$+ v_{2u} + v_{2v} \cdot e^{j\frac{2}{3}\pi} + v_{2w} \cdot e^{-j\frac{2}{3}\pi} \quad (7.5)$$

(7.5) 式から、インバータ出力電圧、出力電流、系統電源の瞬時空間ベクトル $\boldsymbol{v}_1$、$\boldsymbol{i}_1$、$\boldsymbol{v}_2$ の関係は、(7.6) 式で示されることがわかる。すなわち

$$\boldsymbol{v}_1 = R\boldsymbol{i}_1 + L\frac{d\boldsymbol{i}_1}{dt} + \boldsymbol{v}_2 \quad \cdots\cdots\cdots\cdots\cdots\cdots\cdots\cdots\cdots\cdots\cdots \quad (7.6)$$

(7.6) 式をみると、瞬時空間ベクトルの方程式は相毎の方程式 (7.4) 式と形の上では全く変わらないことがわかる。したがって方程式の解である電流も次元の違いこそあれ同じように考えることができる。したがってサンプル点 k での電流の瞬時空間ベクトル $\boldsymbol{i}_1(k)$ を初期値として捉え、それより 1 サンプリング周期 T_S 後のサンプル点 k+1 での電流の瞬時空間ベクトル $\boldsymbol{i}_1(k+1)$ を求めると (7.7) 式のようになる。

$$\boldsymbol{i}_1(k+1) = \boldsymbol{i}_1(k) \cdot \exp\left(-\frac{R}{L}T_s\right) + \{\boldsymbol{v}_1(k) - \boldsymbol{v}_2(k)\}\left\{\frac{1 - \exp(-\frac{R}{L}T_s)}{R}\right\}$$
$$\cong \boldsymbol{i}_1(k) + \{\boldsymbol{v}_1(k) - \boldsymbol{v}_2(k)\} \cdot \frac{T_S}{L} \quad \cdots (7.7)$$

(7.7) 式のように状態量のサンプリング点間の推移を表す式を差分方程式、あるいは定差方程式という。(7.7) 式においては、各相のインバータ出力電圧、また系統の各相電圧はサンプリング点 k から、サンプリング点 k+1 までの 1 サンプリング周期間において、それぞれ一定とする等価階段波に置き換えられて、$\boldsymbol{i}_1(k+1)$ が算出されている。等価階段波については、図 2.1 で確認してほしい。また、

$$1-\exp(-\frac{R}{L}T_s) \cong 1-(1-\frac{R}{L}T_s) = \frac{R}{L}T_s$$

にも注意されたい。

　マイコン（DSP：Digital Signal Processor）が制御系の出力であるインバータ出力電力指令を計算で求めるが、その演算には時間を要する。図7.5に示すように、現時点をサンプリング点 k としたとき、マイコンはサンプリング点（k+1）から、サンプリング点（k+2）までの三相電圧形PWMコンバータの出力電圧ベクトル指令値 $v_1{}^*(k+1)$ を、サンプリング点 k+1 になるまでに求めることになる。

　マイコンに行わせる出力電圧ベクトル指令値の計算式を制御則（制御アルゴリズム）という。ここでは、最短時間の1サンプリング周期で、制御量である電流を、その目標値に一致させる有限時間整定制御が実現できる制御則を採用しよう。

　まず有限時間整定を式で表現すると

$$i_1{}^*(k+2) = i_1(k+2) \quad\quad\quad\quad\quad\quad (7.8)$$

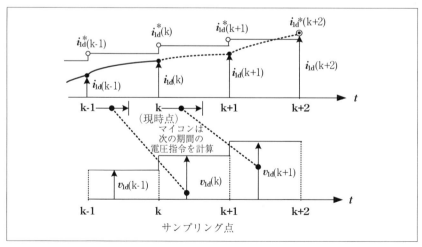

〔図7.5〕ディジタル制御における演算時間遅れ

(7.8) 式の右辺は (7.7) 式を1サンプル進めれば求められる。

$$\boldsymbol{i}_1(\mathrm{k}+2) = \boldsymbol{i}_1(\mathrm{k}+1) + \{\boldsymbol{v}_1(\mathrm{k}+1) - \boldsymbol{v}_2(\mathrm{k}+1)\} \cdot \frac{T_S}{L} \quad \cdots\cdots\cdots\cdots \quad (7.9)$$

(7.9) 式を (7.8) 式に代入して、$\boldsymbol{v}_1(\mathrm{k}+1)$ を求めてやれば、それが制御側である。

$$\boldsymbol{v}_1(\mathrm{k}+1) = \boldsymbol{v}_2(\mathrm{k}+1) + \frac{L}{T_s} \{\boldsymbol{i}_1{}^*(\mathrm{k}+2) - \boldsymbol{i}_1(\mathrm{k}+1)\} \quad \cdots\cdots\cdots\cdots \quad (7.10)$$

(7.10) 式は、瞬時空間ベクトルの式であるので操作量 $\boldsymbol{v}_1(\mathrm{k}+1)$ も図7.6のように2次元ベクトルで求められる。

7.4 電流制御のプログラム

本節では実際に (7.10) 式の電流制御則をプログラム化するにあたっての留意点を述べる。まず、(7.10) 式は、$\alpha\text{-}\beta$ 静止座標系で成立する式である。しかし制御の要求は d-q 同期回転座標系で示される。たとえば力率1で一定の有効電力を逆潮流させる場合は、$i_d=$ 一定値、$i_q=0$ というように目標値は与えられる。そこで、サンプリング点での検出値 $i_{1u}(\mathrm{k})$ と $i_{1v}(\mathrm{k})$ を、(7.2) 式を用いて $i_{1d}(\mathrm{k})+j i_{1q}(\mathrm{k})$ と d-q 同期回転座標系に変換する。各サンプリング点のd軸方向は図7.6に示す通り、間欠的に

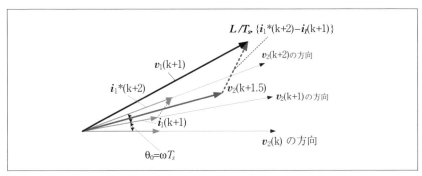

〔図7.6〕瞬時空間ベクトルで示した制御則（= 操作量 v_1(k+1) の作図）

$\theta_0 = \omega T_s$ だけ回転していく。現時点から一つ未来のサンプリング点 k+1 における系統電圧の瞬時空間ベクトル v_2(k+1) の方向を α-β 静止座標系の新たな α 軸に定めると、現時点の制御量 i_1(k)=i_{1d}(k)+ji_{1q}(k) は、新たな α-β 静止座標系上では i_1(k)·exp($-$jθ_0) と観測される。またサンプリング点 k+2 における目標値 i_1^*(k+2)=i_{1d}^*(k+2)+ji_{1q}^*(k+2) は、新たな α-β 軸上では i_1^*(k+2)·exp(+jθ_0) と観測される。d-q 同期回転座標系での状態量や目標値に以上の修正を行って、(7.10) 式に代入すれば操作量であるインバータ出力電圧を新たな α-β 静止座標系上で求められる。なお、i_1(k+1) には、(7.7) 式により求められる推測値を代入する。図 7.7 は、上記の説明が反映されている制御ブロック図である。

(7.10) 式や図 7.7 をみると系統電圧 v_2 はこの制御系において外乱に相当することがわかる。したがって、v_2 は積分器によって推測可能である。提案制御系では、v_2 の位相を PLL 回路で大まかに検出した上で、さらなる位相精度の確保と振幅の検出とを (7.11) 式で論理が示される 2 個の積分器で行っている。

$$v_{2d} = K_I \cdot \sum_{j=0}^{k} \{\overline{i_d(j)} - i_d(j)\}$$
$$v_{2q} = K_I \cdot \sum_{j=0}^{k} \{\overline{i_q(j)} - i_q(j)\} \quad \cdots\cdots\cdots\cdots\cdots\cdots\cdots\cdots\cdots (7.11)$$

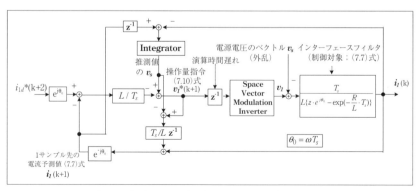

〔図 7.7〕有限時間整定制御の制御ブロック図

(7.11) 式において、$\overline{i_q(j)}$ と $\overline{i_d(j)}$ は、1サンプル前に (7.7) 式の定差方程式で計算された推測値である。この推測値と、1サンプリング後に測定される実測値との差、予測誤差を足し合わせていくことで、系統電圧の大きさが求められる。インバータの精度がよく実際の出力電圧が指令通りになっており、またフィルタインダクタの定数が正しく制御器に反映されている場合には

$$v_{2d} = v_2 \cos(\theta_0 / 2)$$
$$v_{2q} = v_2 \sin(\theta_0 / 2)$$
.... (7.12)

の値が、積分器に残るはずである。

7.5 LCL フィルタ

　系統連系インバータにおいて、インバータとグリッド間に基本的なインダクタフィルタを挿入する他に、最近では図 7.8 に示すような LCL フィルタを設置する場合が増えている。

　これには、大容量電気機器になるほど高い変換効率が要求され、系統連系インバータでも効率 95% 以上が普通になっている背景がある。インバータ損失の多くは、各 IGBT で ON と OFF が行われるたびに発生するスイッチング損 (8.5節参照) である。これを減らすためにはスイッチング回数を減らす、すなわちスイッチング周波数を下げなくてはならない。しかし系統への逆潮流電流に含まれるスイッチング周波数成分の周波数

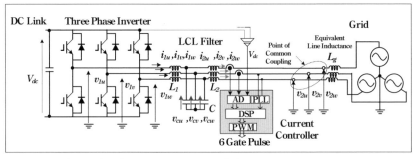

〔図 7.8〕系統連系インバータに接続される LCL フィルタ

も下がり、その抑制は困難になる。フィルタインダクタの値を単純に大きくすると、それだけでインバータ本体と同じ大きさになりかねない。

そこで導入されるのが LCL フィルタである。L が L_1 と L_2 に分割された所から、スイッチング周波数の電流成分の多くをキャパシタ C の方へ流れ込ませ、L_2 を経由してグリッド方向には、基本波成分のみを流そうというわけである。

しかし、LCL フィルタでは角周波数 $\omega_r = \sqrt{(L_1+L_2)/L_1L_2C}$ の LC 共振が発生するので、共振の抑制策は必須である。さらに共振を抑制しつつ高速応答を達成する電流制御は、制御系の次数が単純な単一のインダクタの場合の 1 次元から 3 次元に増えているため容易ではない。よく用いられる手法はフィルタキャパシタに直列に抵抗を接続して共振がたとえ起きたとしても、直ちに減衰させるというものである。簡便ではあるがフィルタで損失が発生するという問題が起きてしまう。最近では、制御則に工夫を施すことで抵抗は接続しないまま共振を抑制する手法が種々提案されている。

3 次元有限時間整定制御法を採用した電流制御系では、抵抗は接続しなくても共振は起こらず、さらに高速応答が実現できる様子を図 7.9 に示す。制御量のうち、検出しているのは 2 相分のグリッド電流 i_{2u} と i_{2v} のみである。他の状態量、インバータ出力電流 i_1 とフィルタキャパシタ電圧 v_c については、状態同定アルゴリズムを用いて推測している。図 7.9 をみると、大きなスイッチング周波数成分がインバータ出力電流には含まれているものの、グリッド電流ではほぼゼロにされていることがわかる。

この節の最後に、LCL フィルタの大きさの選定方法について述べる。制御系の設計においては、効率の観点からスイッチング周波数が最初に決定される。図 7.9 では 3.84kHz としている。次に可制御性の条件、すなわち共振を抑制するための条件から、共振周波数 f_r が (7.13) 式の通り選定される。

$$f_r = \frac{1}{2\pi} \cdot \sqrt{(L_1+L_2)/L_1L_2C} < \frac{1}{2} \cdot f_s \quad \cdots\cdots\cdots\cdots\cdots\cdots\cdots (7.13)$$

(7.13) 式は、f_r をナイキスト周波数以下にすべきということを言っている。図 7.9 では、$L_1=L_2=2$[mH]、$C=12$[μF] と選定しており、このとき $f_r=1453$[Hz]<$0.5f_s=1920$[Hz] と (7.13) 式が満たされている。

最終的に L と C をいくらにするか、すなわち L と C の分配は、それらの単位法で表現した値 (p.u.) に偏りがないことを考慮して行う。ここで、p.u. は (7.14) 式で計算する。

インダクタの p.u. ＝ 定格電流 × $\omega(L_1+L_2)$ ÷ (相電圧実効値)

キャパシタの p.u. ＝ ωC × 相電圧実効値 ÷ 定格電流

$\cdots$ (7.14)

7.6　系統連系用三相電流形 PWM インバータの概略

系統連系インバータに従来の三相電圧形 PWM インバータではなく、三相電流形 PWM インバータを使用することもできる。本項では三相電流形 PWM インバータの特長と技術的問題点を述べる。

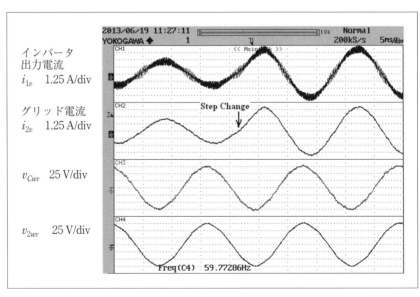

〔図 7.9〕LCL フィルタを接続した系統連系インバータの応答波形
　　　　(i_2 THD=2.3%) $L_1=L_2=2$[mH]

電圧形インバータにおいて電力半導体素子の破壊に結びつく上下のアームの短絡が、ここで取り上げる三相電流形 PWM インバータでは、通常の運転モードで取り入れられていることから、非常に信頼性が高い。図 7.10 に示す三相電流形 PWM インバータの主回路の特徴は図の左の直流電源側に、電圧型で使用される並列キャパシタではなく回路に直列にリアクトルが挿入されていることである。

　実は、このリアクトルが体積と重量のいずれでも、電圧型で使用される並列キャパシタに比較して大きくなってしまうことが電流型があまり使用されない理由である。

　このインバータの運転方法の基本は、下側の IGBT、u_p、v_p、w_p、のうちから 1 個、また上側の IGBT、u_n、v_n、w_n、のうちから 1 個の計 2 個のスイッチを ON とする点である。これはリアクトル電流 i_{dc} を連続して流すために絶対に満足すべき条件である。したがってスイッチングのパターンは $3^2=9$ 通りある。この中で 3 通りはいわゆるゼロ電流ベクトルと言われるもので上下のアーム（u_p と u_n 等）が導通している。図 7.11 に定常時のインバータ出力電流 i_{pu}、i_{pv}、i_{pw}、直流側電圧 v_{dc} の波形を示す。図 7.11 を見ると、最初のサンプリング周期 T_S においては、3 回のスイッチングが行われている。すなわち IGBT スイッチ、u_n-u_p、u_n-v_p、u_n-w_p、u_n-u_p の組み合わせで電流経路が作られている。

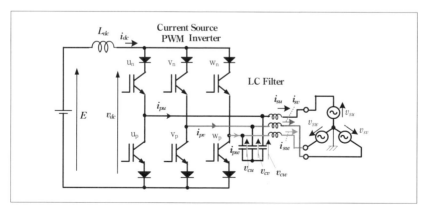

〔図 7.10〕系統連系用三相電流形 PWM インバータ

最初と最後は u_n-u_p の上下のアームが短絡されるので $v_{dc}=0$ となっている。2番目の u_n-v_p の組み合わせでは直流電源 E から、スイッチ u_n、u相のフィルタインダクタ L、系統電源 v_{su}, v_{sv}、v相のフィルタインダクタ L、スイッチ v_p と経由して直流電源に戻るので、$v_{dc}=v_{suv}$、$i_{pu}=+i_{dc}$、$i_{pv}=-i_{dc}$ となる。

図7.11を見るとインバータ出力電流 i_p はパルス列でありPWMに起因する高調波成分が含まれている。しかしLCローパスフィルタの働きによって、高調波成分成分は電源 v_s 側への流入は阻止されキャパシタ C へ流れ込み、一方基本波成分のみが系統電源 v_s 側に流入する。なお、図7.11は系統電源とインバータ出力電流の基本波を同相の状態にして描かれている。インバータの直流側電圧 v_{dc} の平均値は最大で系統電源相電圧最大値の1.5倍、すなわち $1.5\times(V_l\div\sqrt{1.5})=1.225\cdot V_l$ である（ただし V_l は系統電源の線間電圧実効値）。したがって直流電源の大きさ E は

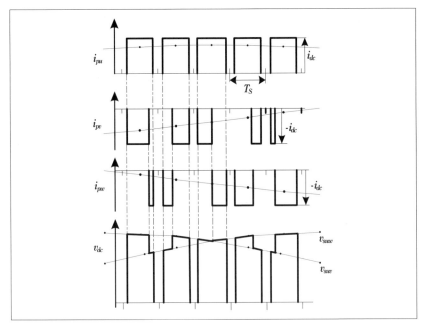

〔図7.11〕系統連系用三相電流形PWMインバータのインバータ出力電流波形

これ以下でないと直流側の電流i_{dc}が制御できない。

図7.12に一相分等価回路、およびフェーザ図を示す。ここで、v_cはフィルタキャパシタ電圧、i_sは系統注入電流、i_pはインバータ出力電流のそれぞれ瞬時空間ベクトルある。図7.12では、力率1での逆潮流を考えて、系統電圧v_sとi_sは同相としている。

7.7 系統連系用三相電流形PWMインバータの制御法

制御の目標は、i_sを最短時間で目標値に追従させるようなインバータ出力電流i_pを決定し、その通りに出力電流を流すことである。この2次元有限時間整定制御を実現するi_pの算出式、すなわち有限時間整定制御則の導出にあたっては、まずi_sとv_cの差分方程式を求めることから始めなくてはいけない。

図7.12から、(7.15)式で示す各瞬時空間ベクトルの関係式が得られる。

$$L\frac{di_S}{dt}=v_c-v_S$$
$$C\frac{dv_C}{dt}=i_P-i_S \quad \cdots\cdots\cdots\cdots\cdots\cdots\cdots\cdots\cdots\cdots\cdots\cdots\cdots (7.15)$$

次に、(7.15)式を状態方程式の形式で表現すると(7.16)式のようになる。

$$\frac{d}{dt}\begin{bmatrix}i_S\\v_C\end{bmatrix}=\begin{bmatrix}0 & 1/L\\-1/C & 0\end{bmatrix}\begin{bmatrix}i_S\\v_C\end{bmatrix}+\begin{bmatrix}0\\1/C\end{bmatrix}i_P+\begin{bmatrix}-1/L\\0\end{bmatrix}v_S \quad \cdots\cdots (7.16)$$

(7.16)式において、状態変数は、i_sとv_c、操作量はi_pとなっている。

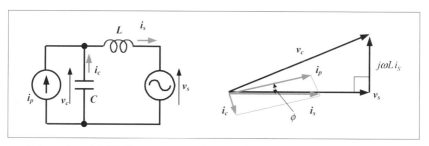

〔図7.12〕三相電流形PWMインバータの等価回路と瞬時空間ベクトル図

ここで、差分方程式を求めるために (7.16) 式にラプラス変換を施す。結果は

$$\begin{bmatrix} sI_S(s)-i_S(k) \\ sV_C(s)-v_C(k) \end{bmatrix} = \begin{bmatrix} 0 & 1/L \\ -1/C & 0 \end{bmatrix} \begin{bmatrix} I_S(s) \\ V_C(s) \end{bmatrix} + \begin{bmatrix} 0 \\ 1/C \end{bmatrix} I_P(s) + \begin{bmatrix} -1/L \\ 0 \end{bmatrix} V_S(s)$$

$$\cdots (7.17)$$

となる。(7.17) 式を整理すると、次の (7.18) 式が得られる。

$$\begin{bmatrix} s & -\dfrac{1}{L} \\ \dfrac{1}{C} & s \end{bmatrix} \begin{bmatrix} I_S(s) \\ V_C(s) \end{bmatrix} = \begin{bmatrix} i_S(k) - \dfrac{v_S(k)}{L \cdot s} \\ v_C(k) + \dfrac{i_P(k)}{C \cdot s} \end{bmatrix} \quad \cdots\cdots\cdots\cdots (7.18)$$

ここでは、サンプリング点 k を時刻のゼロとし、またサンプリング点 k+1 の時刻 T_S での状態量を求めることを目標としている。したがってこの短い T_S 期間では v_S を一定の値 $v_S(k)$ とし、また本来パルス波形である i_p も等面積原理より幅が T_S の階段波に置き換えることができる。これらの仮定の下に (7.18) 式の右辺第 2 項は得られている。

ここで (7.18) 式左辺の 2×2 行列の逆行列を両辺に左からかけてやると (7.19) 式が得られる。すなわち

$$\begin{bmatrix} I_S(s) \\ V_C(s) \end{bmatrix} = \dfrac{1}{s^2 + \dfrac{1}{CL}} \begin{bmatrix} s & \dfrac{1}{L} \\ -\dfrac{1}{C} & s \end{bmatrix} \begin{bmatrix} i_S(k) - \dfrac{v_S(k)}{L \cdot s} \\ v_C(k) + \dfrac{i_P(k)}{C \cdot s} \end{bmatrix} \quad \cdots\cdots\cdots (7.19)$$

となる。さらに行列式を展開すると (7.20) 式のようになる。

$$I_S(s) = \frac{s}{s^2+\frac{1}{CL}} \cdot i_S(k) - \frac{\frac{1}{L}}{s^2+\frac{1}{CL}} \cdot v_S(k) + \frac{\frac{1}{L}}{s^2+\frac{1}{CL}} \cdot v_C(k) + \frac{\frac{1}{CL}}{s(s^2+\frac{1}{CL})} \cdot i_P(k)$$

$$V_C(s) = \frac{-\frac{1}{C}}{s^2+\frac{1}{CL}} \cdot i_S(k) + \frac{\frac{1}{CL}}{s(s^2+\frac{1}{CL})} \cdot v_S(k) + \frac{s}{s^2+\frac{1}{CL}} \cdot v_C(k) + \frac{\frac{1}{C}}{s^2+\frac{1}{CL}} \cdot i_P(k)$$

$$\cdots (7.20)$$

(7.20) 式をラプラス逆変換すると、以下のように差分方程式が導出できる。

$$i_S(k+1) = \cos\theta_f \cdot i_S(k) - \frac{\sin\theta_f}{X_L} \cdot v_S(k) + \frac{\sin\theta_f}{X_L} \cdot v_C(k) + (1-\cos\theta_f) \cdot i_P(k)$$

$$v_C(k+1) = -X_L \cdot \sin\theta_f \cdot i_S(k) + (1-\cos\theta_f) \cdot v_S(k)$$
$$+ \cos\theta_f \cdot v_C(k) + X_L \cdot \sin\theta_f \cdot i_P(k) \quad \cdots (7.21)$$

ただし、

共振角周波数：$\omega_f = 1/\sqrt{L \cdot C}$, $\theta_f = \omega_f \cdot T_S$,
$X_L = \omega_f \cdot L$, T_S：電流制御周期

(7.21) 式を行列式表現にすると、(7.22) 式のようになる。

$$\begin{bmatrix} i_S(k+1) \\ v_C(k+1) \end{bmatrix} = \begin{bmatrix} \cos\theta_f & \frac{\sin\theta_f}{X_L} \\ -X_L \sin\theta_f & \cos\theta_f \end{bmatrix} \begin{bmatrix} i_S(k) \\ v_C(k) \end{bmatrix}$$
$$+ \begin{bmatrix} 1-\cos\theta_f \\ X_L \sin\theta_f \end{bmatrix} i_P(k) + \begin{bmatrix} -\frac{\sin\theta_f}{X_L} \\ 1-\cos\theta_f \end{bmatrix} v_S(k+0.5) \quad \cdots (7.22)$$

ここで、制御量である系統注入電流 i_s の目標値の決め方について述べる。太陽光発電や風力発電では、最大の電力を取り出す最大電力点追従制御 (Maximun Power Tracking Control) が行われており、図 7.10 では、

$E \cdot i_{dc} = P$ をいくらにすべきかが示される。L_{dc} の磁気エネルギー変動を無視すれば、P と同じ電力が系統に逆潮流できること、および逆潮流の力率を1にすることから、系統注入電流 i_s の目標値 i_s^* は

$$i_s^*(k) = i_{sq}^*(k) + j i_{sd}^*(k) = i_{sq}^*(k) = |\frac{P}{v_s}| \quad \cdots\cdots\cdots\cdots\cdots (7.23)$$

と与えられる。

次に制御系の操作量であるインバータ出力電流 i_P を、定常値と偏差の合計から求めることにする。すなわち

$$i_P(k) = i_P^*(k) + \Delta i_P(k) \quad \cdots\cdots\cdots\cdots\cdots\cdots\cdots\cdots (7.24)$$

とする。このようにすることによって、右辺第2項、偏差の項の役割は制御偏差をゼロにすることに限定され、α-β 静止座標でのみ達成可能な有限時間整定制御が実施可能になる。すなわち、この2次元有限時間整定制御においては、目標値を α-β 静止座標で、2制御周期間は固定することが必須である。確かに制御偏差の目標値はゼロに固定されているのでこの条件が満足される。一方 (7.24) 式の右辺第1項が担当する i_s の定常項については、大きさは一定としても系統電源周波数で回転している。したがって有限時間整定制御はこれには適用できない。

i_s の定常項、$i_s^*(k)$ に対応するインバータ出力電流の目標値 $i_P^*(k)$ は、定常状態での相前後する瞬間ベクトルの関係式 (7.25) 式を (7.22) 式の差分方程式に代入することにより求められる。結果は (7.26) 式に示す通りである。

$$i_S(k+1) = i_S(k) e^{j\theta_0}, \quad v_C(k+1) = v_C(k) e^{j\theta_0} \quad \cdots\cdots\cdots (7.25)$$

ただし $\theta_0 = \omega \cdot T_S$、$\omega$ は系統電源の角周波数

$$i_P^*(k) = \frac{(\cos\theta_0 - \cos\theta_f)(1+e^{j\theta_0})}{(1+\cos\theta_0)(1-\cos\theta_f)} i_S^*(k) \\ + \frac{j\sin\theta_0 \cdot \sin\theta_f}{X_L(1+\cos\theta_0)(1-\cos\theta_f)} v_S(k) \cdot e^{j\theta_0/2} \quad (7.26)$$

(7.26) 式の右辺第 2 項の $v_s(k) \cdot e^{j\theta_0/2}$ は、(7.22) 式最終項にある $v_s(k+0.5)$ の表現を変えたものである。

次に状態量の定常点に対する偏差についての差分方程式は (7.22) 式から、次式のように導出される。

$$\begin{bmatrix} \Delta i_S(k+1) \\ \Delta v_C(k+1) \end{bmatrix} = \begin{bmatrix} \cos\theta_f & \dfrac{\sin\theta_f}{X_L} \\ -X_L \sin\theta_f & \cos\theta_f \end{bmatrix} \begin{bmatrix} \Delta i_S(k) \\ \Delta v_C(k) \end{bmatrix} + \begin{bmatrix} 1-\cos\theta_f \\ X_L \sin\theta_f \end{bmatrix} \Delta i_P(k) \cdots (7.27)$$

(7.27) 式の左辺すなわち制御偏差を、2 サンプリング期間後にゼロにする制御則は、$[PQ,Q]^{-1} \cdot P^2$ の第 1 行を計算すれば得られる。ただし

$$P = \begin{bmatrix} \cos\theta_f & \dfrac{\sin\theta_f}{X_L} \\ -X_L \sin\theta_f & \cos\theta_f \end{bmatrix}, \quad Q = \begin{bmatrix} 1-\cos\theta_f \\ X_L \sin\theta_f \end{bmatrix}$$

である。制御則は $[PQ,Q]^{-1} \cdot P^2$ の第 1 行をそのまま状態帰還式の係数として用いて、以下のように決定される。

$$\Delta i_P(k) = -\begin{bmatrix} \dfrac{2\cos\theta_f - 1}{2(1-\cos\theta_f)} & \dfrac{1+2\cos\theta_f}{2X_L \sin\theta_f} \end{bmatrix} \begin{bmatrix} \Delta i_S(k) \\ \Delta v_C(k) \end{bmatrix} \cdots\cdots (7.28)$$

[演習 7.4]
(7.26) 式を誘導せよ。
[解]
　　$\boldsymbol{i}_S(k+1) = \boldsymbol{i}_S(k)e^{j\theta_0}$ 左辺に、(7.22) 式の 1 行目を代入する。

$$\cos\theta_0 \cdot i_S(k) - \dfrac{\sin\theta_f}{X_L} \cdot v_S(k) + \dfrac{\sin\theta_f}{X_L} \cdot v_C(k) \\ + (1-\cos\theta_f) \cdot i_P(k) = i_S(k) \cdot e^{j\theta_0} \quad \cdots\cdots\cdots (7.29)$$

$\boldsymbol{v}_C(k+1) = \boldsymbol{v}_C(k)e^{j\theta_0}$ の左辺に、(7.22) 式の 2 行目を代入し、さらに $\boldsymbol{v}_C(k)$ をくくり出す。

$$-X_L \cdot \sin\theta_f \cdot i_S(k) + (1-\cos\theta_f) \cdot v_S(k) + \cos\theta_f \cdot v_C(k)$$
$$+ X_L \cdot \sin\theta_f \cdot i_P(k) = v_C(k) \cdot e^{j\theta_0}$$
$$v_C(k) = \frac{(1-\cos\theta_f) \cdot v_S(k) + X_L \cdot \sin\theta_f \cdot i_P(k) - X_L \cdot \sin\theta_f \cdot i_S(k)}{e^{j\theta_0} - \cos\theta_f} \quad \cdots (7.30)$$

(7.30) 式を、(7.29) 式に代入し、さらに i_P(k) をくくり出す。

$$i_P(k) = \frac{(e^{j\theta_0} - \cos\theta_f)^2 + \sin^2\theta_f}{(1-\cos\theta_f) \cdot (e^{j\theta_0} - \cos\theta_f) + \sin^2\theta_f} \cdot i_S(k)$$
$$+ \frac{\dfrac{\sin\theta_f}{X_L} \cdot (e^{j\theta_0} - 1)}{(1-\cos\theta_f) \cdot (e^{j\theta_0} - \cos\theta_f) + \sin^2\theta_f} \cdot v_S(k)$$
$$= \frac{(e^{j\theta_0} - \cos\theta_f)^2 + \sin^2\theta_f}{(1-\cos\theta_f) \cdot (e^{j\theta_0} + 1)} \cdot i_S(k) + \frac{\dfrac{\sin\theta_f}{X_L} \cdot (e^{j\theta_0} - 1)}{(1-\cos\theta_f) \cdot (e^{j\theta_0} + 1)} \cdot v_S(k)$$
$$= \frac{\{(e^{j\theta_0} - \cos\theta_f)^2 + \sin^2\theta_f\} \cdot (e^{-j\theta_0} + 1)}{(1-\cos\theta_f) \cdot (e^{j\theta_0} + 1) \cdot (e^{-j\theta_0} + 1)} \cdot i_S(k) + \frac{\dfrac{\sin\theta_f}{X_L} \cdot (e^{j\theta_0} - 1) \cdot (e^{-j\theta_0} + 1)}{(1-\cos\theta_f) \cdot (e^{j\theta_0} + 1) \cdot (e^{-j\theta_0} + 1)} \cdot v_S(k)$$
$$= \frac{\{(e^{j\theta_0} - \cos\theta_f)^2 + \sin^2\theta_f\} \cdot (e^{-j\theta_0} + 1)}{2 \cdot (1-\cos\theta_f) \cdot (1+\cos\theta_0)} \cdot i_S(k) + \frac{\dfrac{\sin\theta_f}{X_L} \cdot 2j\sin\theta_0}{2 \cdot (1-\cos\theta_f) \cdot (1+\cos\theta_0)} \cdot v_S(k)$$
$$= \frac{\{(e^{j\theta_0} - e^{-j\theta_f}) \cdot (e^{j\theta_0} - e^{j\theta_f})\} \cdot (e^{-j\theta_0} + 1)}{2 \cdot (1-\cos\theta_f) \cdot (1+\cos\theta_0)} \cdot i_S(k) + j\frac{\sin\theta_f \cdot \sin\theta_0}{X_L \cdot (1-\cos\theta_f) \cdot (1+\cos\theta_0)} \cdot v_S(k)$$
$$= \frac{\{(1-e^{-j(\theta_f+\theta_0)}) \cdot (e^{j\theta_0} - e^{j\theta_f})\} \cdot (e^{j\theta_0} + 1)}{2 \cdot (1-\cos\theta_f) \cdot (1+\cos\theta_0)} \cdot i_S(k) + j\frac{\sin\theta_f \cdot \sin\theta_0}{X_L \cdot (1-\cos\theta_f) \cdot (1+\cos\theta_0)} \cdot v_S(k)$$
$$= \frac{(\cos\theta_0 - \cos\theta_f) \cdot (e^{j\theta_0} + 1)}{(1-\cos\theta_f) \cdot (1+\cos\theta_0)} \cdot i_S(k) + j\frac{\sin\theta_f \cdot \sin\theta_0}{X_L \cdot (1-\cos\theta_f) \cdot (1+\cos\theta_0)} \cdot v_S(k)$$
$$\cdots (7.31)$$

7.8 系統連系用三相電流形 PWM インバータの制御法の改善

本項では、(7.28) 式で示された制御則の改善を行う。DSP の演算時間遅れを相殺するためには、1 サンプル前、すなわちサンプリング点 k−1 の時点で (7.28) 式の演算を実行する必要がある。その際、サンプリン

グ点 k-1 の時点までに検出された電流偏差、$\Delta \boldsymbol{i}_S(k-1)$、$\Delta \boldsymbol{i}_S(k-2)$ と出力済みの操作量 $\Delta \boldsymbol{i}_P(k-1)$、$\Delta \boldsymbol{i}_P(k-2)$ を利用して $\Delta \boldsymbol{i}_S(k)$ と $\Delta \boldsymbol{v}_C(k)$ を推測する必要がある。(7.27) 式より 1 サンプリング周期前の差分式を系統注入電流について書き出すと

$$\Delta \boldsymbol{i}_S(k) = \cos\theta_f \cdot \Delta \boldsymbol{i}_S(k-1) + \frac{\sin\theta_f}{X_L} \cdot \Delta \boldsymbol{v}_C(k-1) + (1-\cos\theta_f) \cdot \Delta \boldsymbol{i}_P(k-1)$$
$$\cdots (7.32)$$

となる。(7.32) 式から $\Delta \boldsymbol{v}_C(k-1)$ を導き出すと

$$\Delta \boldsymbol{v}_C(k-1) = \frac{X_L}{\sin\theta_f} \cdot \{\Delta \boldsymbol{i}_S(k) - \cos\theta_f \cdot \Delta \boldsymbol{i}_S(k-1) - (1-\cos\theta_f) \cdot \Delta \boldsymbol{i}_P(k-1)\}$$
$$\cdots (7.33)$$

となる。(7.27) 式より、1 サンプリング周期前の差分式をフィルタキャパシタ電圧について書き出すと

$$\Delta \boldsymbol{v}_C(k) = -X_L \cdot \sin\theta_f \cdot \Delta \boldsymbol{i}_S(k-1) + \cos\theta_f \cdot \Delta \boldsymbol{v}_C(k-1) + X_L \cdot \sin\theta_f \cdot \Delta \boldsymbol{i}_P(k-1)$$
$$\cdots (7.34)$$

となる。$\Delta \boldsymbol{v}_C(k)$ を推測する (7.35) 式は、(7.33) 式を (7.34) 式に代入して以下のように求められる。

$$\Delta \boldsymbol{v}_C(k) = -\frac{X_L}{\sin\theta_f} \cdot \Delta \boldsymbol{i}_S(k-1) + \frac{X_L}{\tan\theta_f} \cdot \Delta \boldsymbol{i}_S(k) + \frac{X_L \cdot (1-\cos\theta_f)}{\sin\theta_f} \Delta \boldsymbol{i}_P(k-1)$$
$$\cdots (7.35)$$

(7.35) 式の、1 サンプリング周期前の差分式を書き出すと

$$\Delta \boldsymbol{v}_C(k-1) = -\frac{X_L}{\sin\theta_f} \cdot \Delta \boldsymbol{i}_S(k-2) + \frac{X_L}{\tan\theta_f} \cdot \Delta \boldsymbol{i}_S(k-1) + \frac{X_L \cdot (1-\cos\theta_f)}{\sin\theta_f} \Delta \boldsymbol{i}_P(k-2)$$
$$\cdots (7.36)$$

(7.36) 式を (7.32) 式に代入して $\Delta \boldsymbol{i}_S(k)$ の推測式が得られる。すなわち

$$\Delta \boldsymbol{i}_S(k) = 2\cos\theta_f \cdot \Delta \boldsymbol{i}_S(k-1) - \Delta \boldsymbol{i}_S(k-2) + (1-\cos\theta_f) \cdot \{\Delta \boldsymbol{i}_P(k-1) + \Delta \boldsymbol{i}_P(k-2)\}$$
$$\cdots (7.37)$$

DSP で実際に状態量の推測を行うときには、まず (7.37) 式で $\Delta \boldsymbol{i}_S(k)$ を

算出し、次に (7.35) 式で $\Delta v_C(k)$ を算出すればよい。

7.9 電流の PWM 変調

(7.24) 式で与えられた電流ベクトルをいかにして出力するかを本項で述べる。

7.5 節ですでに述べた、三相電流形インバータが出力する基本ベクトルをまとめると表 7.1 のようになる。

表 7.1 の各電流ベクトルは、図 7.13 の左図のように示される。図 7.13 の右図には I_1 から I_6 の 6 個の基本ベクトルの例として I_1 を取り上げて、大きさは (7.38) 式にも示している通り $\sqrt{2}i_{dc}$、その位相は 30° であることを示している。図 7.13 に示す電流の各基本ベクトルは、図 3.7 に示され

〔表 7.1〕電流ベクトル

導通 IGBT	i_{pu}	i_{pv}	i_{pw}	電流ベクトルの偏角	電流ベクトル名称
u_n, w_p	i_{dc}	0	$-i_{dc}$	30°	I_1
v_n, w_p	0	i_{dc}	$-i_{dc}$	90°	I_2
v_n, u_p	$-i_{dc}$	i_{dc}	0	150°	I_3
w_n, u_p	$-i_{dc}$	0	i_{dc}	210°	I_4
w_n, v_p	0	$-i_{dc}$	i_{dc}	270°	I_5
u_n, v_p	i_{dc}	$-i_{dc}$	0	330°	I_6
u_n, u_p v_n, v_p w_n, w_p	0	0	0	0°	I_0

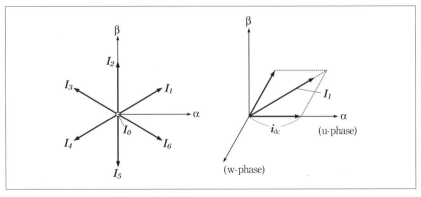

〔図 7.13〕基本電流ベクトルと大きさ

ている三相電圧形インバータの電圧の各基本ベクトルとは30°角度がずれることに注意が必要である。

$$|I_1| = \sqrt{\frac{2}{3}}(i_{dc} \times \sqrt{3}) = \sqrt{2}\, i_{dc} \quad \cdots\cdots\cdots\cdots\cdots\cdots\cdots\cdots\cdots\cdots \quad (7.38)$$

図 7.13 の各基本電流ベクトルを用いて、所要のインバータ出力電流 i_P を作り出すのが以下に述べる空間ベクトル変調（SVPWM：Space Vector Pulse Width Moduration）である。

DSP は、有限時間整定応答を実現するために各サンプリング期間で出力すべきインバータ出力電流 i_P の絶対値と偏角を計算する。次に偏角をもとに i_P を挟み込む 2 個の電流ベクトルを選択する。例として I_1 と I_2 が選択された場合を図 7.14 に示す。両電流ベクトルの出力時間 T_1 と T_2 は図 7.14 に示す角度 θ を用いて (7.39) 式のように与えられる。

$$T_1 = \frac{\frac{2}{\sqrt{3}}\sin(60^\circ - \theta) \cdot |i_P|}{\sqrt{2}\, i_{dc}} \times T_S = M \cdot \sin(60^\circ - \theta) \cdot T_S$$

$$T_2 = \frac{\frac{2}{\sqrt{3}}\sin\theta \cdot |i_P|}{\sqrt{2}\, i_{dc}} \times T_S = M \cdot \sin\theta \cdot T_S \qquad \cdots (7.39)$$

ただし、T_S：サンプリング周期、$M = \dfrac{|i_P|}{\dfrac{\sqrt{3}}{2} \times \sqrt{2}\, i_{dc}}$ ：変調率

なお、インバータ直流側の電圧 v_{dc} は、変調率を用いて以下のように与えられる。

$$v_{dc} = 1.5 \times (V_l \div \sqrt{1.5}) \times M \times \cos\phi = 1.225 \cdot V_l \cdot M \cdot \cos\phi$$

ここで、V_l は系統電源 v_S の線間電圧値（$V_l = |v_S|$）、また ϕ は図 7.12 で示したように系統電源電圧 v_S とインバータ出力電流 i_P の位相差である。

第7章 系統連系用のインバータ

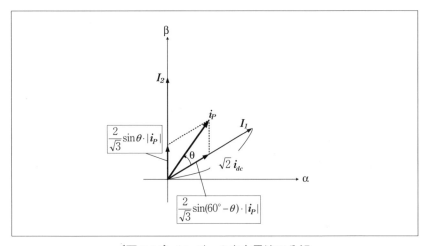

〔図7.14〕インバータ出力電流の分解

第8章
インバータのハードウェア

本章では、インバータの製作を試みる場合の留意点を述べている。

8.1　パワーデバイスのゲート駆動用電源

図 8.1 で使用されている IGBT（Gate Isolated Bipolar Transistor）は、耐圧 1200V、電流 50A 位のモジュールを使用する。600V の IGBT の使用も考えられるが、その場合には、スイッチ OFF 時に発生するサージ電圧の波高値を DC リンク電圧の 2 倍以下に抑制し IGBT を破壊から防ぐスナバー回路の設計に細心の注意が要求される。

6 個の IGBT が使用される三相インバータ回路では、パワーデバイスのゲート駆動用電源は、6 個必要であるように思われる。しかし、図 8.1 に示すように下側アームの 3 個の IGBT においては、エミッタ端子は DC リンクの負側に共通に接続されているので、1 個の駆動用電源を共用することができる。したがって、パワーデバイス駆動用電源としては、4 個の独立した直流電源が必要である。

IGBT には、導通時にコレクターエミッタ間に発生する電圧が、1[V]

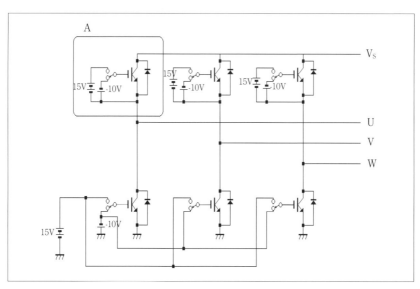

〔図 8.1〕IGBT を用いた三相インバータのゲート回路駆動用直流電源

と低く、導通損が低減できるという特性がある。そして、ゲート－エミッタ間は絶縁されているので電圧源でゲート回路が駆動できるという特長もある。しかし、パワーデバイスとしてMOS-FETを使用した場合では、OFFの場合にはゲート電圧を0Vとすればすむが、IGBTではOFF電圧は-10Vとしないとコレクタ電流の急峻な立ち下がりが期待できない面もある。そこで図8.1に示すような正負の電圧を出力できるゲート駆動電源を用意している。12Vもしくは24Vの単一直流電源から、図8.1で示されている4組の直流電源が供給できる以下の素子が提供されている。

製品名：IGBT Drive DC/DC Module, Nihon Protector Co.,Ltd

8.2 ゲート駆動回路

パワーデバイスのゲート駆動回路は、図8.1では説明のわかりやすさからスイッチを用いて説明したが、実際の回路では図8.2に示すような専用のハイブリッドICを用いて組み立てる。M57159L-01は、イサハヤ電子㈱製の短絡保護機能を備えたハイブリットICである

この図8.2のゲート回路の各部品の機能は以下の通りである。
○「Ⅰ」について
この600V耐圧のダイオードで、IGBTのコレクター電位を検出して

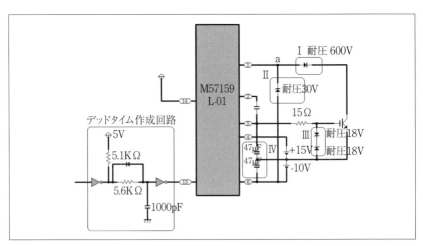

〔図8.2〕ゲート駆動回路図

いる。ゲートに送られる#5の出力電位が高いにもかかわらずコレクターエミッタ間電圧がゼロに落ちつかない場合には、このIGBTに大きな電流が流れ出したことを示している。この場合はIGBT破壊の回避のために直ちに⑤の出力電圧を下げる。

○「Ⅱ」について

チェナーダイオードは、IGBTがONからOFFに切り替わるとき、すなわち600V耐圧のダイオードが逆回復するときに起きる①の電位上昇を30V以下に抑えるために設置される。

○「Ⅲ」について

これは、ゲート電圧を±18V以下に抑えるためのものである。

○「Ⅳ」について

ゲートをON、OFFするときに、順電圧、または、逆電圧をかける必要がある。そのときに、瞬間的に1Aぐらいの電流が流れるので、電圧が変動してしまうおそれがある。そこで、このコンデンサを、電圧変動を抑えるために接続する。ICの機能詳細については、イサハヤ電子㈱のホームページ https://www.idc-com.co.jp/html_jp/product/pdf/IGBT_ApplicationManual.pdf で確認できる。

8.3　2レベルインバータのデットタイム補償

図8.3に示す一般的な2レベルインバータのPWM周波数は、10kHz前後であり、その周期の半分は$50\mu s$であるので、レグ短絡を回避するための$3\mu s$のデットタイムを設定することで、出力電圧には図8.4に示

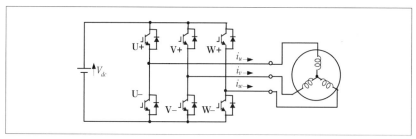

〔図8.3〕三相2レベルインバータとU相端子電流i_u

すように無視できない誤差が含まれてしまう。図8.4では、u+がレグの上のIGBTで、U-が下のIGBTを示している。またゲート入力は正論理で描かれている。そして、ハッチングの部分が誤差の電圧を示している。すなわち i_u が正の場合にはU-の寄生ダイオードからu+のトランジスタへの転流が起きるとき出力端子電位は意図した値より減少し、一方 i_u が負の場合にはu+の寄生ダイオードからのU-のトランジスタへの転流が起きるとき端子電位は意図した値より増加するので、結局交流の振幅は意図した値より減少してしまうことになる。なお、トランジスタから同一レグ内、別アームのダイオードへの転流は、OFFに転じるべきトランジスタのゲートに負の電圧が印可されそのコレクターエミッタ間電圧が直流電源電圧に達した時点で直ちに始まるので、出力端子電位に誤差の発生はない。

出力端子電位を意図した通りに制御するには、上述の議論をふまえて、表8.1に該当する場合のみマイコン（DSP）から出力されるIGBT ON信号の立ち上がり時期をデットタイム分だけ早めてやればよい。

表8.1で、補償が必要なのは図8.3で転流前に寄生ダイオードに電流が流れている場合である、逆に補償が不要なのは転流後にトランジスタ

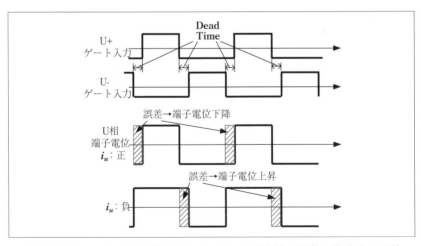

〔図8.4〕デットタイム設定によりインバータ出力端子電位に発生する誤差

ではなく寄生ダイオードに電流が流れる場合である。

8.4　半導体スイッチングデバイスでの損失

　図8.5は、図8.3の三相インバータの6個のスイッチのうちからu相のスイッチu+とu−だけを抜き出したものである。図8.6を用いて半導体スイッチングデバイスでの損失を説明する。今 i_u は正の値を持っており、D−が導通しているとする。スイッチングにより発生するリップルは無視してu+のIGBTのコレクタエミッタ間電圧 v_{ce} とコレクタ電流 i_c の推移を求めると図8.6ができあがる。

　u+のゲートエミッタ間電圧 v_{ge} が−10Vから+15Vに立ち上がり始め最終電圧の10％すなわち1.5Vに到達した時刻を t_1 とすると、それからターンオン遅れ時間だけ経過した時刻 t_2 で i_c が流れ始める。その際 i_u が一定とするとキルヒホッフの第一法則に従って i_D は減少していく。そして i_c が i_u に一致した後、i_D はゼロには収束しないで負の電流がしばらくの期間流れる。これは順バイアス時にn形部分に入り込んでいた

〔表8.1〕デッドタイム補償の要、不要

	$i_u = +$	$i_u = -$
U+ → U− の転流	補償不要	補償要
U− → U+ の転流	補償要	補償不要

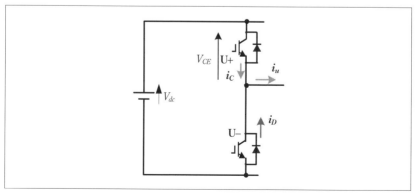

〔図8.5〕三相インバータ1相分（u相）のレグ

正孔と p 形部分に入り込んでいた電子の掃き出し（元に戻る）とそれに続く空乏層の確立が行われるからである。少数キャリアの掃き出しが終わる時点ではじめて u+ の v_{ce} は DC リンクの電圧 V_{dc} からゼロに向かって下降を始める。これは正の i_D が流れている期間と少数キャリアの掃き出し中は D− の電圧は順方向降下の電圧を維持しなくてはならず、またキルヒホッフの電圧則から明らかなように空乏層の確立がはじまって v_{ce} は下降できるからである。

次に時刻 t_5 で v_{ge} を負の値に切り替える。実際に u+ が off 状態へ切り替わり始めるのは v_{ge} がゼロになるあたりの時刻 t_6 である。さきほどの on への移行時とは異なり最初に変化が起きるのは v_{ce} である。v_{ce} が DC リンクの電圧 V_{dc} まで上昇する時刻 t_7 になったとき、D− に、はじめて順方向電圧が印可されるので i_D は上昇を始め、同時に i_S は下降を始める。

電流と電圧の変化が直線的であるとしたとき、スイッチングの過渡時にスイッチ u+ で発生する損失 $V_{ce} \times i_c$ は、図 8.6 の一番下側に示す通り on 時 off 時いずれも三角形で示される。1 秒間の損失はこれらの面積にスイッチング周波数 f_s を乗じて求められる。

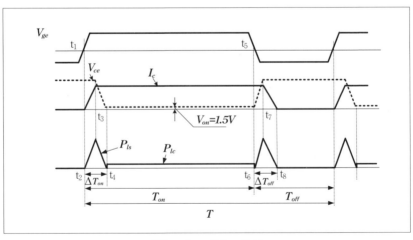

〔図 8.6〕レグ内の転流

$$P_{ls} = \frac{V_{dc} \times I_c \times \{(T_4 - T_2) + (T_8 - T_6)\}}{2} \times f_s = \frac{V_{dc} \times I_c \times (\Delta T_{on} + \Delta T_{off}) \times f_s}{2} \quad \cdots (8.1)$$

(8.1)式によればスイッチング損はスイッチング周波数に比例して増えることがわかる。三相インバータでは6個のIGBT全体で、(8.1)式の6倍の損失が発生する。インバータの適用にあたっては許容される効率の低下や、やはりスイッチング周波数に比例して増大するスイッチングノイズの許容範囲の観点からスイッチング周波数が低く抑えられる場合がある。

なお、図8.6には、u+ の導通損 P_{lc} も描かれている。P_{lc} は(8.2)式で計算できる。

$$P_{lc} = V_{on} \times I_C \times (T_{on} - \Delta T_{on}) \times f_s \quad \cdots\cdots\cdots\cdots\cdots\cdots\cdots\cdots\cdots\cdots (8.2)$$

導通損はスイッチング周波数によらずほぼ一定となる。これは T_{on} と f_s は反比例するからである。

8.5　PLLとPWM発生回路

本項では、系統連系インバータで重要回路である位相同期回路(PLL：Phase Looked Loop)とPWM発生回路の一例を示す。図8.7の上側部分には、静止 α-β 座標軸上で見たときのq軸方向、すなわち電源電圧ベクトルの方向 θ_e を求めるためのPLL回路が示されている。PLL回路には θ_e のゼロを示す信号を参照入力としてIC、74HC4046の3番ピンに与える必要がある。$\theta_e = 0$ は電源のu相-相電圧 v_{su} の最大の瞬間を指すがこれはとらえにくいので、図7.3に示したように線間電圧 v_{2vw} を観測し $v_{2vw} = 0$ となる瞬間、すなわちゼロクロス信号を検出してICの3番ピンに与えている。なお、ゼロクロス信号は、DSPの割り込み信号(Interrupt 0)としても活用され、プログラム上でも電気角のリセットを行う。

PLL回路の機能は、電源1周期間に帰還ループに置かれるカウンタの最終計数値と同じ数だけの等分目盛りを入れることである。図8.7では8ビットの2進カウンタが2段従属接続されているので、$2^{16} = 65536$ 個

第8章 インバータのハードウェア

の目盛りが電源 1 周期間に入る。

　PLL 回路の製作にあたって一番重要なのはループフィルタの設計であり、これが上手に設計されている場合には、電源周期が変動したときに目盛り間隔をアコーディオンのじゃばらのようにこれに追従して変化させることが可能となる。

　74HC4046 に内蔵の位相比較器は上位 8 ビットカウンタの RCO（リップルキャリー出力信号：けた上げ信号）をゼロクロス信号に同期させるロックオン機能を持つ。ロックオン状態になったときには、74HC4046

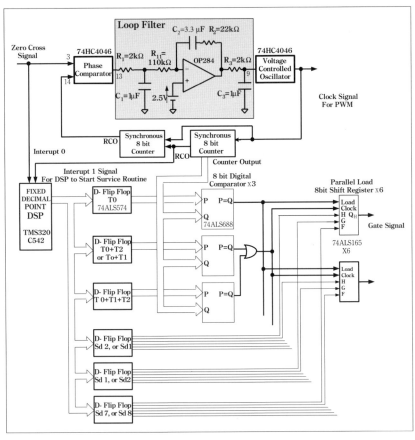

〔図 8.7〕PLL と PWM 発生回路

- 156 -

に同じく内蔵の電圧制御発振器（VCO）の発振周波数は f を電源周波数としたとき $65536 \times f$ [Hz] となっている。

また、下位の8ビット2進カウンタのRCOも重要な信号であり、DSPが電流制御等の割り込みサービスルーチンを開始する信号（Interrupt 1）や、逆潮流電流検出用AD変換器の変換開始信号などとしても利用される。

PWM信号の発生には、ソフトウェアとハードウェアの双方を組み合わせることが必要である。すなわちPWMパターンの設計はソフトウェアが担当し、その通りに信号を作り出すのはハードウェアが担当する。

ソフトウェアでは、図8.8のように3wordからなるPWMパターンを作成する。各wordは下位8ビットに格納される切り替え時間データと上位に置かれるスイッチングデータからなる。スイッチングデータは各IGBTに対応するので長さは6ビット、値1は導通、0は非導通を表す。各wordの上の2ビットは空きとなっている。なお、図8.8の例において、最初のスイッチングベクトル（1,1,1）は一つ前のスイッチング状態が継

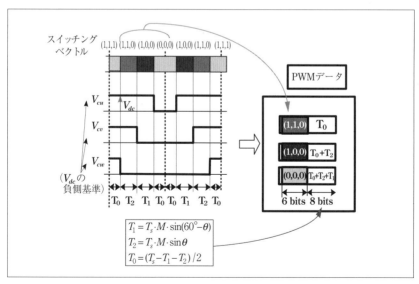

〔図8.8〕PWM波形のデータ化

続されたものなので、このPWM期間では取り上げる必要はない。

図8.7下側部分のPWM発生回路部分は、3個の8ビットディジタルコンパレータ74ALS688、6個の8ビットDフリップフロップ74ALS574および各IGBTに直接対応する6個のシリアルレジスタ74ALS165から構成されている。その機能は図8.8の説明図において、次に導通する各相上下アームのいずれかで計3個のIGBTと切り替えのタイミングを決定することである。8ビットディジタルコンパレータでは、PWM周期を256等分して0から255まで上昇する8ビット2進カウンタ出力と、DSPから送られてきて上の3個のDフリップフロップ74ALS574に格納されている導通IGBTの切り替え時期の時間データとの比較がなされる。各PWM周期で行われるべき3度の導通IGBTの切り替えは、いずれも3個のディジタルコンパレータの一致信号（P=Q出力）によって行われる。なお、最初の一致信号はシリアルレジスタ74ALS165のLoad端子に与えられている。そのタイミングで、下の3個のDフリップフロップ74ALS574に格納されていた導通IGBTの選択データは、各IGBTに直接対応する6個のシリアルレジスタ74ALS165に分配される。

8.6 インバータ制御回路に使用されるマイコン

従来、インバータ制御のマイコンとして、DSP（Digital Signal Processor）が使用されてきた。元々、DSPは携帯電話の音声信号処理用に開発されたものである。人が聞こえる音声の最高周波数とモータ駆動インバータのスイッチング周波数がいずれも10kHz付近であることから、必要とされる処理能力が同等であったことで、インバータ制御用にDSPの適用が進んでいった。

最初は固定小数点タイプで、プログラム言語も機械語、アセンブラー言語が使用されていた。その後はC言語でプログラムを作成し、専用の翻訳機で機械語に変換するというソフトウェア開発方式に移行している。DSPも浮動小数点方式である。

最近ではDSPの代わりとして、32ビットのRISC（Reduced Instruction Set Computer）も使用されるようになってきている。これは制御プログ

ラムの書き込みが容易で、従来の三相かご形誘導電動機の他に永久磁石同期電動機等の駆動にも1台のインバータで対応ができるからである。

8.7 インバータシステムで使用される測定器

インバータの運転状態の把握には、何よりオシロスコープが有効である。インバータの出力電圧や出力電流は当然、電力回路の電圧、電流であるので、電子機器であるオシロスコープに取り込むには絶縁回路が必須である。2現象以上のオシロスコープに基準電位が異なる信号を取り込むと、壊れてしまう。図8.9に示すのは差働電圧プローブとホール素子を使用した電流プローブである。これらセンサーの出力は測定対象である電圧や電流とは絶縁されているのでオシロスコープに入力できる。プローブのグランド線（わに口）はセンサー電源のゼロボルト端子にはさみこむ。手前の差働電圧プローブは横河電機製、奥の電流プローブは日置電機製である。

制御用には、ナナエレクトロニクス製のホール素子を使用した電流センサやLEM社製の電圧センサーを使用している。

電圧、電流、電力、さらにTHD（総合高調波ひずみ率）等の大きさの測定にはディジタルパワーメータを使用する。インバータの電圧、電流

〔図8.9〕制御用と波形測定用の検出器

には高調波成分が含まれているので、測定にはディジタル信号処理によって平均値や実効値を算出する上記の測定器が必要である。

[コラム 8.1] DSP プログラム

　ここでは、アセンブラー言語でのプログラム作成の要点を述べよう。

　まず、ディジタル制御ではサンプリング点毎に外部からの割り込み信号が DSP に入力され、一連の制御アルゴリズムが繰り返し実行される。したがって割り込み処理プログラム（Interrupt Service Routine）が実は主要プログラムになる点に注意する。モータ制御ではメジャーの速度制御とマイナーの電流制御の 2 重構成の制御系が構築されているので、外側の速度ループと内側の電流制御ループ用にそれぞれの割り込み信号とそれに対応する割り込み処理プログラムが必要である。系統連系では 2 重構成の必要はないものの、PLL 回路からの電流制御ループ開始信号を受け取って実行される一連の制御アルゴリズムの他に、電源ゼロ点信号を取り込んで電気角のリセットを行う処理も忘れてはならない。

　次にモータ制御でも系統連系でも d-q 変換が必ず必要である。たとえば (7.2) 式の d-q 変換では三角関数 $\sin\theta$ と $\cos\theta$ を求めなくてはならない。そのため DSP プログラムのデータ領域に $\sin\theta$ のテーブルを配置する。$\cos\theta$ は $\cos\theta = \sin(\theta+90°)$ の関係を利用すれば求められるので、そのテーブルは不要である。ただし $\sin\theta$ のテーブルを $\theta = 0 \sim 450°$ の期間にわたって用意する。なお、450°の分割数は 256+64=320 あれば十分である。それはテーブル上の隣接する二つの値の補間を考えて sin の値を算出するからである。

　たとえば $\sin 30°$ を求めるときは、$\sin\theta$ のテーブルの 22 番目 $\sin(360 \div 256 \times 21°) = \sin 29.53° = 0.4929$ と 23 番目 $\sin(360 \div 256 \times 22°) = \sin 30.94° = 0.5141$ の値を用いて以下の直線近似式で行うからである。

$$\sin 30° = 0.4929 + \frac{(.5141 - .4929) \times (30 - 29.53)}{360/256} = 0.5000$$

図 8.10 に 360°を 256 等分して y 軸上に sin の値を印した後、それらの

点を折れ線グラフ化したものを示す。図 8.10 から、この 360°あたり 256 点程度の表と直線近似で十分な精度が確保できることが認識いただけると思う。

また、電流 1[A] や電圧 1[V] のプログラム上での大きさをいくらくらいにすべきかも忘れることはできない。ホール素子等で検出された電圧や電流は A/D コンバータでディジタル量に変換されて DSP に取り込まれる。具体的にその様子を示していこう。

電圧検出器のゲインが 1/100 であり、またビット数が 12 ビット、また入力電圧範囲が 0～5[V] の A/D コンバータを使用した場合に、最初に検出された 1[V] の電圧は、DSP 内では以下の数値になる。

$$1 \times \frac{1}{100} \times \frac{2^{11}}{2.5} = 8.192$$

次に、電流検出器のゲインが 0.2[V/A] であり（10A の電流を +2V、−10A の電流を −2V に変換）、また A/D コンバータとして先ほどと同じビット数が 12 ビット、入力電圧範囲が 0～5[V] のものを使用した場合に、最初の 1[A] の電流は、DSP 内で以下の数値になる。

$$1 \times 0.2 \times \frac{2^{11}}{2.5} = 163.84$$

これらの値に、その装置に取り込まれる電圧の最大値が何 [V] かや電

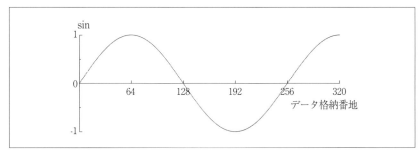

〔図 8.10〕正弦波の直線近似（360°を 256 等分）

第8章 インバータのハードウェア

流の最大値が何 [A] かをそれぞれ掛け合わせて求められた積が $2^9=512$ 程度以上になっていることが、制御量の検出分解能確保の観点から必要である。

　このコラムの最後に、DSPが一番不得意な割り算の仕方について述べよう。DSPは行列計算のような積和（Multiply and Summation）計算が高速で実行できるのに対して、割り算には多くの命令行と処理時間が要している。これは割られる数から割る数が何度引かれるかを数えて商を求めているからである。たとえば $6 \div 2$ の計算は、6-2=4、4-2=2、2-2=0 と行って、結局2を3回引くことができたので、商は3であるというふうに結論に至っている。実際にプログラムを作成する場合には、DSPメーカーから提供されているこの場合の除算や平方根等のサンプルプログラムを入手して、それに修正を加えればよい。実際に除算が必要になるのは変調率の計算などであるが、幸い全プログラム上で1回ないし2回しか出てこない。

第9章
汎用インバータの操作方法

この章では、現在多くの重電機メーカーから供給されている汎用インバータの機能や操作方法の概略を述べる。

9.1 インバータの選定

インバータの選定にあたってはまず、対象モータの出力定格に合わせて定格を決める。次に対象モータの種類を確認する。モータとしては、安価な誘導電動機（IM）と高効率な埋め込み磁石同期電動機（IPMSM）が多いが、現在市販のインバータは一般的に、いずれのモータも駆動する能力を有している。さらに高精度のベクトル制御が必要か否かの確認もする。インバータ自体の価格は高性能なものと一般なものとでは、さほど違わないのが現状であるので高性能な方を購入してもよい。図9.1は2.2[kW]のベクトル制御インバータである。左のケーブルはロータリーエンコーダからのパルス信号（A相、B相、Z相）がRS-422準拠の差動入力信号にされて通っている。パネル内部の差動受信器75ALS176Bとフォトカップラを経由して速度検出回路等に送られる。起動や回転数の制御が行うには、上部パネルのボタン操作によるか、あるいは、下側に見える端子に接点入力やアナログ電圧指令を与える。

〔図9.1〕ベクトル制御インバータ 2.2kW

9.2 インバータのセットアップ

インバータの設置においては、放熱性確保の観点から、立てた状態で壁面等に固定することが必須である。

配線後は、インバータを対象モータに適合させるセットアップを行う。

セットアップ項目のうち、必須なのはモータの種類すなわち IM か IPMSM か、そしてそのモータに回転位置検出用パルスジェネレータが付いているか否かの設定である。センサーが付けられていない電動機では、回転位置はセンサレス制御によって推測される。システムが安価に構築できるセンサーを付けない場合でも、かなり高精度な速度制御が達成できる。そしてセンサートラブルが元来なく信頼性が向上できるという利点もある。しかし真に高精度制御が必要とされるトルク制御等を行いたい場合には、やはりセンサー付きのモータが必須となるのが現状である。

次に周波数指令の方法が電気信号による遠隔操作か、運転員によるインバータ表面のキー直接操作かの設定を行う。

パルスジェネレータ付き（＝センサー付き）IPMSM の場合には、z 相パルス信号用スリット位置に対する回転子永久磁石の偏位角を求めるためのオートチューニングを行う必要がある。

9.3 トルク制御の方法

インバータがモータを制御する仕方には、モータの速度を目標とする値に一致させる速度制御と、モータが出力するトルクを目標とする値に一致させるトルク制御とがある。前者の方が一般的であるが、後者の制御方式も電動機を発電機として使用して、その出力調節を行う際などに必要となる。いずれの制御においても、インバータの役割が印可周波数と印可電圧の自動調節であることは共通である。以下、トルク制御の方法を説明しよう。

まず、回転方向の定義を述べよう。回転は軸方向から見て反時計回りが正回転、時計回りが逆回転と定義されている。図9.2 は電動発電機の回転とトルクの向きの関係を説明したものである。図9.2 で滑車にかけられたロープが図のように移動しているとき、左側にある電動機は正回

転、右側の発電機は逆回転と言うことになる。発電機が発生しているトルクについては、その方向のみに着目して正負が定義されている。たとえば図9.2で右側にある発電機のトルク（＝フレミングの左手の法則に従って発生しており、左の電動機（＝駆動機）にとってはブレーキ力として作用する）の場合、運動方向とは逆の反時計回りの方向であることから、正の値と定義される。

トルク制御と速度制御の切り替えは、運転者がインバータ操作パネルを操作してパラメータ設定モードに切り替えて行う。表9.1に安川電機のA1000シリーズインバータの場合に行う操作を例として示す。

インバータが電動機を発電機に切り替え、さらにブレーキトルクや発電電力を指令通りに調節するのは自動的に以下の方法で行われている。埋め込み磁石同期発電機（IPMSG）では、内部誘導起電力と同一周波数でやや遅れ位相の電圧をインバータが固定子巻線に印可することで同期発電機とすることができる。そして遅れ位相角を増していくと、発電電

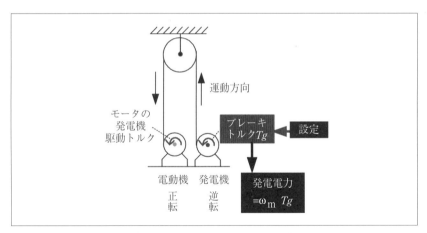

〔図9.2〕トルクの正・負の意味

〔表9.1〕トルク制御の方法

	パラメータ名	設定内容
モードをトルク制御に切り替える	d5-05	1
トルク指令値をアナログ入力信号で与える	b1-01	1
アナログ入力端子1の信号でトルク設定	b2-02	13

力や駆動機に作用するブレーキトルクを大きくすることができる。

　また，かご形誘導電動機（IG）では，回転速度より同期速度を下げてやる，すなわちすべり s を負の値とすることで誘導発電機とすることができる。そしてすべりの絶対値を大きくすると，発電電力やブレーキトルクを大きくすることができる。

　図9.3において，一番左に描かれているのがIPMSGもしくはIGである。これらは図にはない別の動力で駆動されている。そしてInverter II が発電機のトルク制御を行う。高性能インバータでは，トルク指令値をデジタル信号もしくはアナログ信号として与えるだけで，IPMSGにおける内部誘導起電力に対する自身の発生電圧の位相遅れ角調節やIGにおける負のすべり調節を自動的に行っている。その際，インバータに回転とトルクの方向をそれぞれ正しく与えておくことが必須である。

　上述の発電電力をインバータのDCリンクに接続された抵抗で処理できない場合には，発電電力を逆潮流させるためのPWMコンバータを図9.3で示すようにインバータのDCリンクに接続すればよい。PWMコンバータは，双方向の電力変換ができる。すなわち本来の機能である図9.3で右から左へ電力を流す，系統の交流電力をインバータのDCリンクで必要とする分だけ直流電力に変えて供給する整流器としても，また左から右へ電力を流す，発電機モードにある電動機からPWMインバータIIを介してDCリンクに送り込まれてきただけの直流電力を交流に変換してそっくり系統へ逆潮流させる系統連携用インバータとしても動作する。いずれの動作時も，DCリンクの電圧が一定に保たれるようにすれば，過不足のない電力流通が実現できるので，PWMコンバータのモ

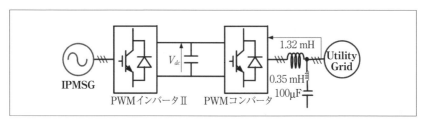

〔図9.3〕逆潮流用コンバータの接続

ード切り替えは外部からの信号によるのではなく自動的に行われる。すなわち系統電圧、グリッドに対してPWMコンバータ自身が発生する電圧を遅れ位相とすれば系統からDCリンクへ直流電力を送り込む整流器動作となり、また逆に進み位相とすればDCリンクから電力を引き出して系統に送り込む逆潮流動作となる。そして位相の遅れや進み角をいかほどにするかは、DCリンクの電圧を検出してそれが規定値に常に一致するようなフィードバック制御系を構築して決定している。

9.4 多段則運転

モータ回転数（インバータの出力周波数）の変更が無段階ではなく、ある限られた段階で運転をすることを多段則運転という。そのために、インバータにあらかじめ必要な周波数指令値を何種類か設定しておき、継電器等の複数の外部接点信号をインバータに入力して、その組み合わせから該当する周波数指令値を読み出して運転させている。

接点信号のみで可変速運転が行われるので、アナログ信号を用いた場合と比べるとノイズやオフセットの影響を受けずに済むという利点がある。一般に4個の接点のON、OFFの組み合わせで15通りの周波数が切り替えられる。また寸動指令の周波数をこれとは別に設定できる。図9.4に多段則運転の例を示す。図9.3で、出力周波数はステップ上ではなく、ランプ上に変えられており、その傾きは、調整できる。

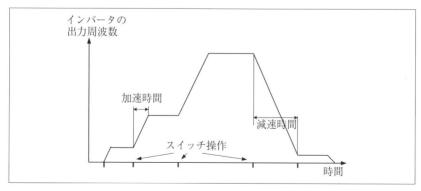

〔図9.4〕多段則運転の例

参考文献

第1章
1. 由宇義珍：はじめてのパワーデバイス第2版，森北出版，2011年
2. 深尾正：電気機器パワーエレクトロニクス通論，電気学会，2012年
3. 金東海：パワースイッチング工学，電気学会，2003年

第3章
4. 小笠原悟司，張松，赤木泰文：PWMインバータのコモンモード電圧を抑制するアクティブ補償回路の構成と特性，電気学会論文誌D，Vol.120，No.5，2000年

第5章
5. 宮入庄太：最新電気機器学，丸善，1967年
6. 野中作太郎：電気機器[Ⅱ]，森北出版，1971年
7. ㈱安川電機編：インバータドライブ技術第3版，日刊工業新聞社，2006年

第6章
8. 森本茂雄，武田洋次，平紗多賀男：PMモータのdq等価回路定数の測定法，電気学会論文誌D，Vol.113，No.11，1993年
9. C. Mademlis and N. Margaris：Loss Minimization in Vector-Controlled Interior Permanent-Magnet Synchronous Motor Drives, IEEE Trans. on Industrial Electronics, Vol.49, No.6, pp.1344-1347, 2002年

第8章
10. 杉本英彦，小山正人，玉井伸三：ACサーボシステムの理論と設計の実際，総合電子出版社，1990年

第9章
11. 正田英介，深尾正，嶋田隆一，河村篤男：パワーエレクトロニクスのすべて，オーム社，1994年

索引

記号／数字
- $\alpha\text{-}\beta$ 静止座標 ・・・・・・・・・・・・・・・・ 46, 122
- 12 パルス整流回路（直列型）・・・・・・・・・・ 33
- 12 パルス整流回路（並列型）・・・・・・・・・・ 34
- 2 レベルインバータ ・・・・・・・・・・・・・・・・・・・・ 47

アルファベット
- B 種設置工事 ・・・・・・・・・・・・・・・・・・・・・・・・・ 38
- d-q 同期回転座標 ・・・・・・・・・・・・・・・・・・・・ 120
- DSP ・・・・・・・・・・・・・・・・・・・・・・・・・・・ 158, 160
- EMC ・・・・・・・・・・・・・・・・・・・・・・・・・・・・・・・・ 95
- LC 共振 ・・・・・・・・・・・・・・・・・・・・・・・・・・・・ 133
- NPC インバータ ・・・・・・・・・・・・・・・・・・・・・・ 63
- NPC 三相 3 レベルインバータ ・・・・・・・・・ 61
- PLL ・・・・・・・・・・・・・・・・・・・・・・・・・・・・・・・・ 155
- PWM ・・・・・・・・・・・・・・・・・・・・・・・・・・・・・・・・ 25
- RCD スナバー ・・・・・・・・・・・・・・・・・・・・・・・・ 98
- THD ・・・・・・・・・・・・・・・・・・・・・・・・・・・・・・・・ 32

あ行
- ウサギの耳 ・・・・・・・・・・・・・・・・・・・・・・・・・・・ 31
- オートチューニング ・・・・・・・・・・・・・・・・・・ 166
- オームの法則 ・・・・・・・・・・・・・・・・・・・・・・・・・・ 3

か行
- 回転磁界 ・・・・・・・・・・・・・・・・・・・・・・・・・・・・・ 75
- 還流ダイオード ・・・・・・・・・・・・・・・・・・・・・・・ 20
- 帰還ダイオード ・・・・・・・・・・・・・・・・・・・・・・・ 20
- 逆素子回復電流 ・・・・・・・・・・・・・・・・・・・・・・・ 18
- 極数 ・・・・・・・・・・・・・・・・・・・・・・・・・・・・・・・・・ 81
- コモンモードチョーク ・・・・・・・・・・・・・・・・・ 95
- コモンモード電圧 ・・・・・・・・・・・・・・・・・・・・・ 54

さ行
- サージ電圧 ・・・・・・・・・・・・・・・・・・・・・・・・・・・ 97
- 三相 PWM コンバータ ・・・・・・・・・・・・・・・・ 34
- 磁化電流 ・・・・・・・・・・・・・・・・・・・・・・・・・・・・・ 75
- 自己インダクタンス ・・・・・・・・・・・・・・・ 4, 5, 7
- スイッチング損 ・・・・・・・・・・・・・・・・・・・・・・ 155
- すべり ・・・・・・・・・・・・・・・・・・・・・・・・・・・・・・・ 83
- 相互インダクタンス ・・・・・・・・・・・・・・・・・・ 10
- 速度起電力 ・・・・・・・・・・・・・・・・・・・・・・・ 88, 112

た行
- ダイオードブリッジ ・・・・・・・・・・・・・・・・・・・ 30
- 定磁束保存の理 ・・・・・・・・・・・・・・・・・・・・・・・ 78
- デッドタイム ・・・・・・・・・・・・・・・・・・・・・・・・・ 63
- 同期速度 ・・・・・・・・・・・・・・・・・・・・・・・・・ 77, 82
- 導通損 ・・・・・・・・・・・・・・・・・・・・・・・・・・・・・・ 155
- トルク制御 ・・・・・・・・・・・・・・・・・・・・・・・・・・ 166
- トルク分電流 ・・・・・・・・・・・・・・・・・・・・・・・・・ 78

な行
- 内部誘導起電力 ・・・・・・・・・・・・・・・・・・・・・・ 108

は行
- バイポーラ方式 ・・・・・・・・・・・・・・・・・・・・・・・ 28
- バイポーラ方式 PWM ・・・・・・・・・・・・・・・・・ 43
- ハミングの距離 ・・・・・・・・・・・・・・・・・・・・・・・ 52
- 反射係数 ・・・・・・・・・・・・・・・・・・・・・・・・・・・・・ 99
- 非干渉化 ・・・・・・・・・・・・・・・・・・・・・・・・・・・・・ 89
- ファラデーの法則 ・・・・・・・・・・・・・・・・・・・・・・ 4
- フレミングの左手の法則 ・・・・・・・・・・・・・ 9, 78
- フレミングの右手の法則 ・・・・・・・・・・・・・ 9, 78
- 変圧器起電力 ・・・・・・・・・・・・・・・・・・・・・ 88, 112
- 変調率 ・・・・・・・・・・・・・・・・・・・・・・・・・・・ 50, 145

ま行
- マグネットトルク ・・・・・・・・・・・・・・・・・ 107, 112

や行
- ユニポーラ方式 ・・・・・・・・・・・・・・・・・・・・・・・ 25

ら行
- リラクタンストルク ・・・・・・・・・・・・・・・・・・ 112

■ 著者紹介 ■

西田克美（にしだ　かつみ）
　1976 年　東京工業大学電気工学科卒業
　1978 年　東京工業大学大学院電気工学専攻修士課程（宮入庄太研究室）修了
　1982 年〜 2005 年　山口県立南陽・下松・宇部工業高等学校　電気科教諭
　2006 年　宇部工業高等専門学校電気工学科教授
　2009 年、2013 年　IEEE Power Electronics and Drive Systems（PEDS）国際会議で最優秀論文賞受賞
　博士（工学）（指導教官　中岡睦雄教授）

● ISBN 978-4-904774-42-7

東京都市大学　西山 敏樹
㈱イクス　　　遠藤 研二　著
㈲エーエムクリエーション　松田 篤志

設計技術シリーズ
インホイールモータ原理と設計法

インホイールモータ
原理と設計法

[著]
西山 敏樹
遠藤 研二
松田 篤志

科学情報出版株式会社

本体 4,600 円 + 税

1．インホイールモータの概要とその導入意義
2．インホイールモータを導入した実例
　2．1　パーソナルモビリティの実例
　2．2　乗用車の実例
　2．3　バスの実例
　2．4　将来に向けた応用可能性

3．回転電機の基礎とインホイールモータの概論
　3．1　本章の主な内容と流れ
　　3．1．1　本書で取り扱うモータの種類
　　3．1．2　磁石モータ設計の流れ
　3．2　モータの仕様決定
　　3．2．1　負荷パターンの算出
　　3．2．2　定格の決定
　　3．2．3　モータ特性への称賛
　　3．2．4　温度の遅れ要素
　　3．2．5　1 次遅れの話
　3．3　電磁気学
　　3．3．1　帰納と演繹
　　3．3．2　マクスウェルに至るまでの歴史
　　3．3．3　マクスウェルの電磁方程式
　　3．3．4　磁気ベクトルポテンシャルの導入
　　3．3．5　マクスウェルの方程式に残る不可解さ
　　3．3．6　マクスウェルの式が扱えない理解不能な事象
　　3．3．7　マクスウェルの式が扱えない事象
　3．4　電磁気の簡易公式
　　3．4．1　ローレンツ力
　　3．4．2　フレミングの法則
　　3．4．3　簡易型の留意点
　　3．4．4　その他の簡易公式
　3．5　モータの体格
　　3．5．1　機械定数
　　3．5．2　電気装荷
　　3．5．3　磁気装荷
　　3．5．4　機械定数と電気装荷、磁気装荷
　3．6　モータと相数
　　3．6．1　交流モータの胎動
　　3．6．2　単相
　　3．6．3　2 相
　　3．6．4　コンデンサ
　　3．6．5　インダクタンス
　　3．6．6　抵抗
　　3．6．7　虚数
　　3．6．8　虚時間
　　3．6．9　n 相
　　3．6．10　3 相
　　3．6．11　5 相、7 相、多相
　3．7　極数の選択
　3．8　コイルと溝数および設計試算
　　3．8．1　コイル構成と溝数
　　3．8．2　磁気装荷
　　3．8．3　直列導体数
　　3．8．4　直並列回路
　　3．8．5　隣接接続と隔極接続
　　3．8．6　スター結線とデルタ結線
　　3．8．7　溝断面の設定と導体収納
　　3．8．8　温度推定
　　3．8．9　ロータコアの構造
　　3．8．10　内外逆転したアウターロータ構造
　3．9　素材
　　3．9．1　コア材
　　3．9．2　技術資料に見る特性の留意点
　　3．9．3　高珪素鋼板
　　3．9．4　ヒステリシス損と渦電流損
　　3．9．5　付加鉄損
　　3．9．6　圧粉磁心
　　3．9．7　芯線の素材
　　3．9．8　マグネットワイヤ
　　3．9．9　被覆材の厚み
　　3．9．10　高温下での寿命の算出
　　3．9．11　丸断面からの逸脱
　　3．9．12　磁石素材
　　3．9．13　希土類元素
　　3．9．14　磁石性能の向上
　　3．9．15　モータの中で磁石が果たす役割
　　3．9．16　磁石利用の実際
　　3．9．17　効率最大化への試み
　　3．9．18　鉄機械と銅機械
　　3．9．19　効率最大原理
　3．10　制御
　　3．10．1　2 軸理論
　　3．10．2　トルク式
　　3．10．3　3 相 PWM インバータの構成
　3．11　誘導モータ
　　3．11．1　構造
　　3．11．2　原理
　　3．11．3　磁石モータとの比較
　3．12　小括
3 章の参考図書と印象

4．インホイールモータ設計の実際
　4．1　要求性能の定量化
　　4．1．1　インホイールモータについての予備知識
　　4．1．2　インホイールモータの役割
　　4．1．3　走行抵抗の計算
　　　4．1．3．1　平坦路走行負荷の計算・・・転がり抵抗 (F_{rl})
　　　4．1．3．2　平坦路走行負荷の計算・・・空気抵抗 (F_l)
　　　4．1．3．3　登坂負荷の計算 (F_{sl})
　　　4．1．3．4　加速負荷の計算 (F_{al})
　　　4．1．3．5　負荷計算のまとめと走行に必要な出力
　　4．1．4　電費の計算
　　　4．1．4．1　電費評価の方法（規格・基準）
　　　4．1．4．2　電費評価の実際
　4．2　設計の実際
　　4．2．1　基本構想（レイアウト）
　　4．2．2　強度・剛性について
　　4．2．3　バネ下重量について

5．商品化、量産化に向けての仕事
　5．1　評価の概要
　　5．1．1　構想～計画
　　5．1．2　単品設計～試作手配
　　5．1．3　組立～試運転
　5．2　評価の詳細
　　5．2．1　性能評価
　　5．2．2　耐久性の評価
　5．3　評価のまとめ
4 章から 5 章の参考文献

発行／科学情報出版（株）

●ISBN 978-4-904774-16-8

㈱東芝　前川　佐理　著
㈱東芝　長谷川幸久　監修

設計技術シリーズ

家電用モータの ベクトル制御と高効率運転法

本体 3,400 円＋税

第1章　家電機器とモータ
第2章　モータとインバータ
1. 永久磁石同期モータの特徴
   1－1　埋込磁石型と表面磁石型
   1－2　分布巻方式と集中巻方式
   1－3　極数による違い
2. 永久磁石同期モータのトルク発生メカニズム
   2－1　マグネットトルクの発生原理
   2－2　リラクタンストルクの発生原理
3. 家電用インバータの構成
   3－1　整流回路
   3－2　スイッチング回路
   3－3　ゲートドライブ回路
      3－3－1　ドライブ回路の構成
      3－3－2　ハイサイドスイッチ駆動電源
      3－3－3　スイッチング時間
      3－3－4　スイッチング素子の損失
      3－3－5　スイッチング素子のミラー容量による誤オン（誤点弧）
      3－3－6　ミラー容量による誤オン対策
   3－4　電流検出回路
   3－5　位置センサ
   3－6　MCU（演算器）
4. モータ制御用MCU
第3章　高効率運転のための電流ベクトル制御
1. ベクトル制御の概要
   1－1　3相座標→$\alpha\beta$軸変換（clark 変換）
   1－2　絶対変換時の3相→2相変換のエネルギーの等価性について
   1－3　$\alpha\beta$軸→dq軸変換（park 変換）
   1－4　3相座標と$\alpha\beta$軸、dq軸の電気・磁気的関係
   1－5　3相→dq軸の変換例
   1－6　dq軸座標系のトルク・電力式
2. 最大トルク／電流制御
   2－1　同一トルクを出力する電流パターン
3. 弱め界磁制御・最大トルク／電圧制御
   3－1　モータ回転数と直流リンク電圧による電流通電範囲の制限
   3－2　最大トルク／電圧制御
      3－2－1　最大出力型弱め界磁制御（電流リミット有り）
      3－2－2　トルク指令型弱め界磁制御（電流リミット有り）
      3－2－3　速度制御型弱め界磁制御（電流リミット有り）
   3－3　弱め界磁制御の構成
4. 電流制御の構成
   4－1　dq軸の非干渉制御
   4－2　電流制御PIゲインの設計方法
   4－3　離散時間系の制御方法
5. 速度制御

第4章　PWMインバータによる電力変換法
1. PWMによる電圧の形成方法
2. 相電圧・線間電圧・dq軸電圧の関係
3. 電圧利用率向上法
   3－1　方式1. 3次高調波電圧法
   3－2　方式2. 空間ベクトル法
4. 2相変調
   4－1　3次高調波電圧法による2相変調
   4－2　空間ベクトル法による2相変調
5. 過変調制御
   5－1　過変調制御による可変速運転範囲の拡大
   5－2　過変調率と線間電圧の高調波成分
   5－3　過変調制御の構成
6. デッドタイム補償
   6－1　デッドタイムによる電圧指令値と実電圧値の差異
   6－2　デッドタイムの補償方法
第5章　センサレス駆動技術
1. 位置センサの要否
2. 誘起電圧を利用するセンサレス駆動法
   2－1　位置推定原理
   2－2　dq軸（磁極位置）と推定d_c, q_c軸（コントローラの認識軸）
   2－3　突極性の推定性能への影響
   2－4　位置誤差推定値$\Delta\theta_e$を用いた位置推定法
   2－5　推定に用いるモータパラメータの誤差影響
   2－6　ΔL_aと推定誤差による脱調現象
   2－7　モータパラメータの誤差要因
   2－8　巻線抵抗Rの変動要因
   2－9　q軸インダクタンスL_qの変動要因
3. 突極性を利用するセンサレス駆動法
   3－1　高周波電圧印加法
   3－2　突極性を利用する位置センサレス駆動の構成
   3－3　極性判別
   3－4　主磁束インダクタンスと局所インダクタンス
   3－5　dq軸干渉のセンサレス特性への影響
   3－6　磁気飽和、軸間干渉を考慮したインダクタンスの測定方法
4. 位置決めと強制同期駆動法
   4－1　位置推定方式の長所と短所
   4－2　駆動原理と制御方法
   4－3　強制同期駆動によるモータ回転動作
   4－4　強制同期駆動の運転限界
第6章　モータ電流検出技術
1. 電流センサとシャント抵抗
2. 3シャント電流検出技術
   2－1　3シャント電流検出回路の構成
   2－2　スイッチングによる検出値の変化
3. 1シャント電流検出技術
   3－1　電流検出の制約
   3－2　電流の検出タイミング
   3－3　電流検出率の拡大
第7章　家電機器への応用事例
1. 洗濯機への適用
   1－1　洗い運転
   1－2　脱水・ブレーキ運転
      1－2－1　短絡ブレーキ
      1－2－2　回生ブレーキ
2. ヒートポンプ用コンプレッサへの適用
   2－1　最大トルク／電流制御
   2－2　過変調制御時の特性
第8章　可変磁力モータ
1. 永久磁石同期モータの利点と問題点
2. 可変磁力モータとは
   2－1　磁力の可変方法
   2－2　磁力の可変原理
      2－2－1　減磁作用
      2－2－2　増磁作用
   2－3　可変磁力モータの構成
   2－4　磁化特性
3. 可変磁力モータの制御
付録　デジタルフィルタの設計法

発行／科学情報出版（株）

● ISBN 978-4-904774-17-5　　　㈱東芝　野田　伸一　著

設計技術シリーズ

モータの騒音・振動と対策設計法

本体 3,600 円＋税

第1章　モータの基礎
1. モータの構造
2. モータはなぜ回るのか
3. 実際のモータの回転構成と特性
    3.1　三相誘導モータ
    3.2　ブラシレスDCモータ

第2章　騒音・振動の基礎
1. 騒音・振動の基礎
    1.1　自由度モデル
    1.2　1自由度モデルの強制振動
    1.3　設置ベースに伝わる力
    1.4　多自由度モデル
    1.5　振動モード解析の基礎
2. 振動測定の基礎、周波数分析
    2.1　振動測定
    2.2　振動測定の原理
    2.3　各種の振動ピックアップ
    2.4　振動測定の方法と注意点
    2.5　周波数分析
    2.6　振動データの表示
3. 有限要素法による振動解析
    3.1　CAEとは
    3.2　有限要素法による解析
    3.3　振動問題への取り組み
    3.4　固有値解析
    3.5　周波数応答解析

第3章　モータ構成部品の機械特性
1. 円環モデルの固有振動数と振動モード
    1.1　円環モデルの固有振動数
    1.2　実験方法
    1.3　三次元円環モデルの有限要素法による振動解析
    1.4　結果および考察
    1.5　まとめ
2. 実際の固定子鉄心の固有振動数
    2.1　簡易式による固定子鉄心の固有振動数の計算

2.2　実験
2.3　実験結果
3. 有限要素法による固有振動数解析
    3.1　解析方法
    3.2　スロット底の要素分割法による影響
    3.3　解析結果
    3.4　スロット内の巻線の影響
    3.5　まとめ

第4章　モータの電磁力
1. モータ電磁振動・騒音の発生要因
    1.1　電磁力の発生周波数と電磁力モード
    1.2　電磁力の計算
2. モータの機械系の振動特性
    2.1　電磁力による振動応答解析
    2.2　測定結果
3. 騒音シミュレーション
4. まとめ

第5章　モータのファン騒音
1. モータのファン騒音
    1.1　ファン騒音の大きさと発生周波数
    1.2　冷却に必要な通風量
    1.3　ファンによる送風量
2. モータファンの騒音実験
    2.1　実験対象のモータの構造
    2.2　ファン騒音の実測による検証
    2.3　実験による空間共鳴周波数と騒音分布の検証
    3.　共鳴周波数解析
3. モータファンの低騒音化
    3.1　回転風切り音の発生メカニズム
    3.2　等配ピッチ羽根による回転風切り音
    3.3　不等配ピッチ羽根による回転風切り音
4. まとめ

第6章　モータ軸受の騒音と振動
1. モータの軸受の種類と特徴
2. 軸受音の経過年数の傾向管理
3. 軸受音の調査方法
    3.1　振動法とは
    3.2　軸受の傷の有無の解析方法
    3.3　軸受の音の周波数
4. モータ軸受振動と騒音の事例
5. まとめ

第7章　モータの騒音・振動の事例と対策
1. モータの騒音・振動の要因
    1.1　電磁気的な要因
    1.2　機械的振動の要因
    1.3　軸受音の要因
    1.4　通風音の要因
    1.5　モータ据付け架台の要因
    1.6　モータの基礎要因
    事例1　モータの磁気騒音　音源
    事例2　ファン用モータのうなり音　音源
    事例3　ファンモータの不等配羽ピッチ　通風の音源
    事例4　インバータ駆動によるモータ　インバータ音源音
    事例5　モータ固定子鉄心の固有振動数　共振伝達
    事例6　モータ運転時間経過による騒音変化　伝達特性
    事例7　モータのスロットコンビ　音源と伝達
    事例8　ボール盤用モータの異常振動　音源
    事例9　モータ据付け系の振動　伝達系
    事例10　隣のモータからもらい振動　伝達
    事例11　モータの架台と振動　据付け振動
    事例12　工作機械とモータの振動　相性の振動

発行／科学情報出版（株）

●ISBN 978-4-904774-37-3 　　　静電気学会 会長　水野 彰　監修

設計技術シリーズ
電気機器の静電気対策

本体 3,300 円 + 税

第1章　帯電・静電気放電の基礎
1．はじめに
2．静電気基礎現象
　2－1　電荷とクーロン力
　2－2　分極力
3．帯電現象（含む静電気放電）
　3－1　帯電現象の概要
　3－2　電荷分離
　3－3　現実の帯電
　3－4　背向電極の重要性
　1－2　矩形 AR マーカー
4．静電気測定
　4－1　電荷量の測定
　4－2　電位測定
　4－3　電界測定
　4－4　電流測定
　4－5　高抵抗測定
　4－6　表面電位分布計測
　4－7　究極の電荷測定
5．電荷等動解析
　5－1　TSDC
　5－2　レーザ圧力法による空間電荷分布測定
6．静電気放電
7．まとめ

第2章　電子デバイスの静電気対策の動向と
　　　　静電気学会での取り組み
1．はじめに
2．ESD/EOS Symposium for Factory Issues 概要
3．シンポジウム
　3－1　業界別講演者
　3－2　講演技術内容
4．ESD/EOS Symposium for Factory Issues トピックス
　4－1　電子デバイスの静電気対策
　4－2　静電気対策技術
　4－3　EMI/EOS 問題
5．ワークショップ
6．展示会
7．今後の日本での取り組み
　7－1　静電気学会電気電子デバイス研究委員会の目的・内容
　7－2　活動状況
8．まとめ

第3章　静電気放電と電子デバイスの破壊現象
1．はじめに
2．磁気デバイスの静電気破壊の特徴
3．GND 放電と浮遊物体間放電
　3－1　GND 放電のモデル
　3－2　浮遊物体間の放電モデル
4．容量間の放電実験
　4－1　2物体の容量と電流波形
　4－2　2物体容量と電流ピーク値の関係
　4－3　2物体容量と放電エネルギーの関係
5．接触抵抗と変化要因
6．物体の容量変化と電位
7．デバイスの静電気破壊モデル

第4章　静電気対策技術としてのイオナイザの選定と
　　　　その使用方法
1．はじめに
2．磁気デバイスの静電気破壊の特徴
3．GND 放電と浮遊物体間放電
　3－1　GND 放電のモデル
　3－2　浮遊物体間の放電モデル
4．容量間の放電実験
　4－1　2物体の容量と電流波形
　4－2　2物体容量と電流ピーク値の関係
　4－3　2物体容量と放電エネルギーの関係
5．接触抵抗と変化要因
6．物体の容量変化と電位
7．デバイスの静電気破壊モデル

第5章　半導体デバイスの静電気放電対策
1．はじめに
2．放電現象の概要
　2－1　放電の発生条件
3．デバイスの静電気放電対策
　3－1　放電現象からのデバイスの破壊現象について
　3－2　基本的な静電気対策の考え方
　3－3　その他の静電気防止の留意点
4．まとめ

第6章　新しい静電気表面電位測定技術とその応用例
1．はじめに
2．静電気測定器
　2－1　ファラデーケージ
　2－2　トナー帯電量測定装置（Q/m メーター）
　2－3　任意の粉体の帯電量測定装置
　2－4　静電電圧計
　2－5　静電電界計
　2－6　表面電位計
　2－7　超高入力インピーダンス回路を有する表面電位計
　　　　（Ultra Hi-Z ESVM）
　2－8　静電気力顕微鏡（Electrostatic Force Microscope）
3．まとめ

第7章　液晶パネル及び半導体デバイス製造における
　　　　静電気対策
1．はじめに
2．半導体デバイス等の清浄な製造環境における静電気障害
　2－1　浮遊微粒子汚染
　2－2　静電破壊
3．清浄環境における静電気対策の方法
　3－1　シースエア式低発塵イオナイザー（コロナ放電式）
　3－2　イオン化気流放出型イオナイザー（微弱 X 線照射式）
4．おわりに

第8章　帯電した人体からの静電気放電で発生する放電電流
1．はじめに
2．静電気測定器
　2－1　放電開始ギャップ長
　2－2　放電開始電界強度の分布
　2－3　放電電流波形形状の出現傾向
　2－4　放電開始ギャップ長と放電電流波形形状
3．初回の放電で放出される電荷量
4．人体の形状による影響
　4－1　人体の静電容量
　4－2　静電容量による影響
5．指先の皮膚抵抗による影響
6．人体の接近速度による影響
7．放電先の電極形状による影響
　7－1　人体の指先からの放電
　7－2　人体が握った金属からの放電
　7－3　放電極性による傾向の違い
8．静電気試験器や金属間放電との相対比較
9．人体からの放電の放電源モデル
10．まとめ

第9章　マイクロギャップ放電特性と ESD 対策
1．はじめに
2．ESD のメカニズムと特徴
　2－1　タウンゼント型放電機構とパッシェンの法則
　2－2　ESD の特徴
3．モデル実験による ESD による絶縁破壊特性の紹介
　3－1　モデル実験に使用した電極構成と取り扱うギャップ長の範囲
　3－2　BDV の測定方法および絶縁破壊前駆電流の観測
　3－3　BDV とギャップ長との関係
　3－4　絶縁破壊に至るまでに流れる電流
　3－5　$0.5\mu m \leq d \leq 2\mu m$ の領域の絶縁破壊機構と絶縁破壊の抑制
4．まとめ

発行／科学情報出版（株）

● ISBN 978-4-904774-35-9　　　　　　　福岡大学　末次 正　著

設計技術シリーズ
RF電力増幅器の基礎と設計法

本体 3,300 円 + 税

第1章　序論
1. RF電力増幅器の利用分野
2. 増幅器の分類
3. 電力増幅器の利用形態
4. 電力増幅器と電力効率
5. 電力増幅器と同調回路

第2章　増幅器の基礎
1. 性能指標（効率、電力）
   1.1 効率
   1.2 全体効率（Overall Efficiency）
   1.3 ドレイン効率
       （Drain Efficiency or Collector Efficiency）
   1.4 PAE（Power Added Efficiency）
   1.5 電力出力容量（Power Output Capability：c_p）
2. 性能指標（線形性）
   2.1 THD（Total Harmonic Distortion）
   2.2 相互変調（Intermodulation）
   3. 線形増幅器とスイッチング増幅器

第3章　線形増幅器
1. A級増幅器
2. B級増幅器
3. AB級増幅器
4. C級増幅器
   4.1 電流源型C級増幅器
   4.2 飽和型C級増幅器

第4章　スイッチング増幅器
1. D級増幅器
   1.1 理想動作
   1.2 非理想成分を含む回路の動作
       1.2.1 設計値からずれた動作
       1.2.2 ON抵抗の影響
       1.2.3 シャントキャパシタンスの影響
       1.2.4 非線形キャパシタの影響
   1.3 D級の制御方法
       1.3.1 PWM変調
       1.3.2 AM変調
2. E級増幅器
   2.1 スイッチング増幅器の高周波化の利点
       2.1.1 スイッチング増幅器の高効率化の利点
       2.1.2 ゼロ電圧スイッチング方式
       2.1.3 ボディダイオードによるZVS動作
   2.2 E級スイッチング（ソフトスイッチング）

   2.3 E級増幅器　定義
   2.4 理想動作
   2.5 非理想動作
       2.5.1 設計値からずれた動作
       2.5.2 ボディダイオードを含む動作
       2.5.3 非理想成分の影響
   2.6 第2高調波共振型E級増幅器
   2.7 非線形シャントキャパシタンス
   2.8 その他の回路構成
       2.8.1 One capacitor and one inductor E級
       2.8.2 DE級増幅器
       2.8.3 E_M
       2.8.4 逆E級増幅器（Inverse Class E Amplifier）
       2.8.5 Φ$_2$級インバータ
       2.8.6 E級周波数逓倍器
       2.8.7 E級発振器
       2.8.8 E級整流器
       2.8.9 E級 DC-DC コンバータ
   2.9 E級の制御方法
       2.9.1 周波数制御
       2.9.2 位相制御（Phase-Shift Control
              または Outphasing Control）
       2.9.3 AM変調（Drain変調または Collector変調）
3. F級増幅器
   3.1 一つの高調波を用いるもの
       （F1級増幅器：Biharmonic mode）
   3.2 複数の高調波を用いるもの
       （F2級増幅器：Polyharmonic mode）
   3.3 逆F級増幅器
4. S級増幅器
   4.1 回路構成
   4.2 PWM変調による出力電圧の歪
5. G級以降

第5章　信号の線形化、高効率化
1. 線形化
   1.1 プレディストーション
   1.2 フィードフォワード
2. 高効率化
   2.1 エンベロープトラッキング（包絡線追跡）
   2.2 EER（包絡線除去・再生）
   2.3 Doherty 増幅器
   2.4 Outphasing（位相反転方式）

第6章　同調回路
1. 狭帯域同調回路
   1.1 集中定数素子狭帯域同調回路
       1.1.1 Lマッチング回路
       1.1.2 スミスチャートを用いた図的解法
       1.1.3 πマッチング回路とTマッチング回路
   1.2 伝送線路狭帯域同調回路
       1.2.1 伝送線路狭帯域同調回路
       1.2.2 スミスチャートによる伝送線路のインピーダンス整合
2. 広帯域同調回路
   2.1 磁気トランス回路
   2.2 伝送線路トランス
       2.2.1 伝送線路トランスの基礎
       2.2.2 Guanella 接続
       2.2.3 Ruthroff 接続
       2.2.4 Guanella と Ruthroff の組み合わせ

第7章　パワーデバイス
1. BJT
2. FET
3. ヘテロ接合
   3.1 HEMT 構造
   3.2 HBT
4. 化合物半導体
   4.1 GaAs（ガリウムヒ素）デバイス
   4.2 ワイドバンドギャップデバイス
5. パッケージ

発行／科学情報出版（株）

●ISBN 978-4-904774-48-9　　　群馬大学　鳶島 真一　著

設計技術シリーズ
リチウムイオン電池の安全性と要素技術

本体 3,600 円＋税

第1章　リチウムイオン電池の基礎と概要
1．リチウムイオン電池の適用用途概要
2．リチウムイオン電池の動作原理
3．各種正極材料の特徴
　3．1　短期スパン開発の電池の正極
　3．2　中長期スパン開発の正極
4．定置型電池
　4．1　定置型電池の種類と今後の展開
　4．2　電気自動車電池の電力貯蔵装置への再利用
　4．3　定置型電池用リチウムイオン電池の信頼性
5．今後の研究開発とビジネスチャンス
　5．1　工業製品としてのリチウムイオン電池の現状
　　5．1．1　概要／5．1．2　モバイル機器／5．1．3　電気自動車
　　5．1．4　電力貯蔵装置
　5．2　国家プロジェクトと国策
　5．3　電池普及への向い風
　5．4　今後の電池関連ビジネス
　5．5　まとめ

第2章　リチウム電池の安全性概要
　　　　（基礎、安全性劣化機構、安全性確保策）
1．リチウムイオン電池の安全性に関して一般的に知られていること
2．市販リチウムイオン電池の安全性確保策
3．非安全時の電池の挙動
4．安全性評価の背景・経緯
5．電池安全性評価の基本的な考え方
6．電池が非安全になる基本的原因
7．負極と電解液の反応
8．リチウムイオン電池の標準充電と過充電
9．リチウムイオン電池の過充電、過充電と安全性の関係
10．リチウムイオン電池の過充電と市場トラブル
11．過充電で起こる要因
12．過充電とセパレータ
13．劣化モードの情報
14．電池使用後の安全性

第3章　リチウム電池の市場トラブル例（安全性の現状）
1．電池の安全性評価の背景・経緯
2．電池の市場トラブル
　2．1　リチウム金属電池
　2．2　リチウムイオン電池（1991 年～1998 年）
　2．3　電池からの液漏れによるトラブル
　2．4　リチウムイオン電池（1991 年～1999 年）（2）
　2．5　リチウムイオン・ポリマー電池の実用化と当時の安全性
　　2．5．1　ポリマー電池の開発／2．5．2　ポリマー電池を使用した携帯電話／2．5．3　ポリマー電池安全性検討の報告例
　　　2．5．3．1　PVDF 系ポリマー／2．5．3．2　アクリレート系ポリマー電池／2．5．3．3　PEO 系ポリマー電池／2．5．3．4　PAN 系ポリマー電池
　　2．5．4　市販ポリマー電池の安全性／2．5．5　ポリマー電池の安全性試験の例
　　　2．5．5．1　加熱試験／2．5．5．2　過充電試験／2．5．5．3　まとめ
　2．6　リチウムイオン電池（1999 年～2005 年）
　2．7　リチウムイオン電池（2006 年～2015 年）
　2．8　電池内部部品の不良と電池内のトラブル
　2．9　複数社による電池の供給
　2．10　電池設計と電池製造品質管理
　2．11　市場トラブル例のまとめ

第4章　市販電池の安全性試験方法と試験例
1．リチウムイオン電池の安全性確保手法としての安全性試験
2．市販電池の安全性評価方法
3．安全性ガイドライン
4．市販電池の安全性試験
5．安全性試験結果の例
　5．1　加熱試験
　5．2　釘刺し試験
　5．3　圧壊試験
　5．4　外部短絡試験
　5．5　安全性試験と電池使用上の注意事項
　5．6　安全性試験マニュアル
　5．7　携帯機器用リチウムイオン電池安全性試験マニュアル
　5．8　車載用リチウムイオン電池安全性試験マニュアル

第5章　電池開発時の熱安定性評価方法
1．熱天秤
　1．1　測定の概要
　1．2　測定例
　　1．2．1　正極の熱安定性評価／1．2．2　負極の熱安定性評価
　　1．2．3　固体電解質の熱安定性評価／1．2．4　評価
2．反応熱量計
　2．1　測定の概要
　2．2　測定例
　　2．2．1　電解液の熱安定性評価
3．加速温度熱量計
　3．1　測定の概要
　3．2　測定例
　　3．2．1　電解液の熱安定性評価
4．電池の加熱試験
　4．1　測定の概要
　4．2　測定例
　　4．2．1　リチウムイオン電池の加熱試験

第6章　負極におけるリチウムの析出挙動と安全性
1．はじめに
2．デンドライトとは
3．電気めっきとデンドライト
4．リチウム金属二次電池におけるデンドライト発生機構
　4．1　物理的条件の影響
　4．2　化学的条件の影響
5．リチウム金属負極におけるデンドライトまとめ
6．リチウムイオン電池における炭素電極へのリチウムの析出挙動
　6．1　過充電とリチウム析出
　6．2　低温および高温充電とリチウム析出
　6．3　実用リチウムイオン電池と炭素負極上へのリチウム析出
　6．4　炭素上へのリチウム析出とリチウムイオン電池の市場トラブル例

第7章　セパレータと安全性
1．電池性能と安全性劣化の基本機構と実用上の要因
2．リチウム電池用セパレータに要求される基本特性
3．リチウム電池用セパレータに要求される実用特性
　3．1　基本物性
　3．2　充放電時の実用特性
　3．3　高電圧耐性

第8章　電解液と電池の安全性
1．リチウム二次電池の今後の展開と電解液
2．電解液の基本的役割
3．電解液の種類と特徴
　3．1　有機溶媒系電解液
　3．2　ゲル電解質
　3．3　有機固体電解質
　3．4　イオン液体
　3．5　無機固体電解質
　3．6　電解液の安定性
　3．7　電池内におけるガス発生が電池性能および信頼性に与える影響
4．電解液の安定性と懸濁
　4．1　正極からのガス発生
　4．2　負極からのガス発生
5．電解液の懸濁抑制手法
　5．1　電解液添加剤の種類と機能
　5．2　電解液添加剤による伝導性向上
　5．3　負極表面処理剤（反応型添加剤）
　5．4　負極表面処理剤（非反応型添加剤）
　5．5　正極表面処理剤
　5．6　過充電防止剤
　5．7　難燃性の安定化
　5．8　高電圧電池用電解液添加剤
　5．9　その他の添加剤
6．まとめ

発行／科学情報出版（株）

●ISBN 978-4-904774-47-2

福岡大学　太郎丸　眞
東京工業大学　阪口　啓　編著

設計技術シリーズ
ソフトウェアで作る無線機の設計法

本体 4,300 円＋税

I　序論
1．ソフトウェア無線の歴史と現状
2．周波数の有効利用・スペクトル管理とソフトウェア無線技術
II　無線通信システム設計の基礎理論
1．基礎数学
　1－1　複素数と複素関数
　　1－1－1　三角関数／1－1－2　複素数／1－1－3　オイラーの公式／1－1－4　帯域信号
　1－2　フーリエ級数とフーリエ変換
　　1－2－1　フーリエ級数／1－2－2　フーリエ変換
　1－3　サンプリング定理
　　1－3－1　パルス列／1－3－2　帯域制限／1－3－3　ナイキスト周波数
　1－4　フィルタ理論
　　1－4－1　畳み込み／1－4－2　アナログフィルタ／1－4－3　デジタルフィルタ／1－4－4　ウィナーフィルタ
　1－5　確率過程
　　1－5－1　ランダムパルス列／1－5－2　自己相関／1－5－3　電力スペクトル／1－5－4　白色過程
2．無線通信理論
　2－1　信号システム
　　2－1－1　線形時不変システム／2－1－2　等価低域表現／2－1－3　自己相関と電力スペクトル／2－1－4　加法性雑音
　2－2　情報の理論的表現
　　2－2－1　情報量とエントロピー／2－2－2　通信路と条件付エントロピー／2－2－3　相互情報量／2－2－4　通信路容量／2－2－5　連続信号のエントロピー
　2－3　送受信機の構成
　　2－3－1　デジタル変調／2－3－2　波形整形／2－3－3　アップコンバータ／2－3－4　受信機／2－3－5　ダウンコンバータ／2－3－6　整合フィルタとシンボル同期／2－3－7　同期検波／2－3－8　デジタル復調
　2－4　検出理論
　　2－4－1　確率分布／2－4－2　最尤推定／2－4－3　しきい値判定／2－4－4　判定帰還／2－4－5　QPSK変調の誤り率
　2－5　無線伝搬路
　　2－5－1　システムモデル／2－5－2　伝搬路の利得／2－5－3　フェージング
III　送受信機の信号処理と要素技術
1．送受信機の構成と要素技術
　1－1　ベースバンドと復号
　1－2　信号処理の実装とアナログ・ディジタル信号処理の関係
　1－3　アナログ処理とディジタル処理
　1－4　高周波回路技術
2．変調と復調
　2－1　変調の目的と種類
　　2－1－1　変調とは／2－1－2　無線通信における変調の目的／2－1－3　変調方式の大分類
　2－2　アナログ変調
　　2－2－1　アナログ変調とは／2－2－2　振幅変調(AM)／2－2－3　各種AMの数式表現／2－2－4　周波数変調(FM)／2－2－5　FMとPM／2－2－6　AMとFM
　2－3　ディジタル変調
　　2－3－1　ASK：amplitude shift keying／2－3－2　FSK：frequency shift keying／2－3－3　PSK：phase shift keying／2－3－4　多値変調とシンボル／2－3－5　変調出力の一般表現と複素表現／2－3－6　コンスタレーション／2－3－7　QAM／2－3－8　変調パルスの狭帯域化／2－3－9　FSKの狭帯域化：GMSK／2－3－10　ASK, PSK, QAMの帯域制限
　2－4　復調
　　2－4－1　復調と検波／2－4－2　同期検波／2－4－3　遅延検波 (differential detection)／2－4－4　包絡線検波／2－4－5　準同期検波による各種復調方式について
3．周波数拡散とOFDM
　3－1　スペクトル拡散通信
　3－2　直交周波数多重
4．直接スペクトル拡散信号のシンボル同期
5．チャネル推定
　5－1　時間領域におけるチャネル推定
　5－2　周波数領域におけるチャネル推定
6．ダイバーシチ受信
　6－1　移動体通信
　　6－1－1　フラットフェージングおよび周波数選択性フェージング／6－1－2　ダイバーシチ受信方式／6－1－3　ダイバーシチ受信信号の合成方式／6－1－4　フェージング通信路における復調特性
7．MIMO伝送
　7－1　MIMOシステムの容量

7－2　MIMOシステムの受信処理
　7－2－1　Zero-Forcingアルゴリズム／7－2－2　最尤推定復調アルゴリズム
コラム
無線機の機能ブロックと信号処理の用語について
アップコンバート／直交変調と等価低域表現、複素ベースバンド、複素包絡線検波と復調
ダウンコンバート、準同期検波の同義語
その他
IV　送受信機構成と信号処理のディジタル化・ソフトウェア化
1．送受信機のアーキテクチャ
　1－1　送受信機の構成要素
　　1－1－1　周波数変換の目的／1－1－2　ミクサと周波数変換／1－1－3　局部発振器 (local oscillator)
　1－2　送信機アーキテクチャ
　　1－2－1　直交変調による構成／1－2－2　FMまたはFSK送信機／1－2－3　終段変調によるAM送信機
　1－3　受信機アーキテクチャ
　　1－3－1　スーパーヘテロダイン方式／1－3－2　スーパーヘテロダイン方式とイメージ妨害／1－3－3　ダイレクトコンバージョン方式／1－3－4　RFダイレクトサンプリング方式／1－3－5　ローカルの位相雑音とレシプロカルミキシング
2．アナログ処理とディジタル処理の切り分け
　2－1　送信機のディジタル化
　　2－1－1　サンプリング周波数／2－1－2　量子化雑音と量子化ビット数／2－1－3　アンダーサンプルによるD/A変換
　2－2　受信機のディジタル化
　　2－2－1　RFサンプリング／2－2－2　IFサンプリング／2－2－3　ベースバンドサンプリングおよびLow IFサンプリング／2－2－4　受信機のダイナミックレンジとADCの量子化ビット数
　2－3　ADCとサンプルホールド
　　2－3－1　サンプルホールド回路のLPF効果と実効ビット数低下／2－3－2　アンダーサンプルと雑音点
　2－4　ADCにおけるSNR劣化とオーバーサンプリングによる改善
　　2－4－1　サンプリングクロックのジッタによるSNR劣化／2－4－2　オーバーサンプリングとデシメーションによるSNR改善
3．信号処理のソフトウェア化とハードウェアのリコンフィギャラブル化
　3－1　リコンフィギャラブルハードウェア
　3－2　アナログ回路のリコンフィギャラブル化
　　3－2－1　RFサンプリングの場合／3－2－2　IFサンプリングまたはベースバンドサンプリングの場合
　3－3　ディジタル信号処理のリコンフィギャラブル化
V　ソフトウェア無線のための高周波回路技術
1．送受信高周波部のシステム設計
　1－1　システム要求性能と送受信機特性
　1－2　無線システムと送受信高周波部構成
　1－3　受信高周波部の構成
　1－4　送信高周波部の構成
　1－5　送受信高周波部の全体構成
2．マルチバンド・広帯域RF回路
　2－1　求められる特性と回路技術
　2－2　可変フィルタ
　　2－2－1　可変RFフィルタ／2－2－2　可変BBフィルタ
3．広帯域マルチモード受信機への応用
　3－1　RFダイレクトサンプリングHF受信機
　3－2　真のマルチモード無線機への挑戦
　　3－2－1　従来方式の問題と本方式の利点／3－2－2　感度と実効感度／3－2－3　SDRのデジタル自動利得制御(AGC)についての問題／3－2－4　インターセプトポイント(IP3, IP2)の問題／3－2－5　ADCのサンプリングジッタの問題
　3－3　システムプランと設計
　　3－3－1　仕様の設定／3－3－2　レベルプラン1(受信機のMDS計算)／3－3－3　レベルプラン2(ADC選択とプロセスゲイン)／3－3－4　レベルプラン3(フロントエンドの利得計算)／3－3－5　バックエンドのノイズフィギュア／3－3－6　ADCのノイズフィギュア／3－3－7　ディジタル信号処理部でのノイズフィギュア／3－3－8　ADCのインターセプトポイント／3－3－9　RFフロントエンドのノイズフィギュア／3－3－10　インターセプトポイント(IP3)のデザイン／3－3－11　フロントエンドのデザイン／3－3－12　アンプのデザイン／3－3－13　設計検証と確認
　3－4　検出理論
　　3－4－1　確率分布／3－4－2　最尤推定／3－4－3　しきい値判定／3－4－4　判定帰還／3－4－5　QPSK変調の誤り率
VI　ソフトウェア無線機の具体例と設計上の留意点
1．GNU Radio－オープンソースによるソフトウェア無線
　1－1　GNU Radio概要
　1－2　GNU Radio構造
　1－3　GNU Radioの動作するハードウェア
　1－4　GNU Radioによるソフトウェア無線機の実装
　1－5　GNU Radioを使った研究開発事例
　1－6　おわりに
2．コグニティブ無線へのSDRの応用
　2－1　概要
　2－2　ヘテロジニアス型コグニティブ無線機の開発事例
3．リコンフィギャラブルプロセッサを用いたソフトウェア無線機(送受信機)の実装例
　3－1　概要
　3－2　RF BoardおよびAD/DA Boardの構成と周波数関係
　3－3　まとめ
4．LTE基地局への応用
　4－1　市場動向
　4－2　ソフトウェア無線ベースの基地局
　　4－2－1　ソフトウェア無線ベースの基地局アーキテクチャ／4－2－2　LTE基地局への応用

発行／科学情報出版（株）

● ISBN 978-4-904774-45-8   月刊EMC編集部　監修

設計技術シリーズ
EMCシミュレーション設計技術マニュアル

本体 4,400円＋税

第1章　EMC 設計ツールを上手に使うために
1. はじめに
2. シミュレータ
3. ユーザーの心構え

第2章　EMC 設計ツールを上手に使うために① EMC モデリング
1. はじめに
2. EMC シミュレーション
3. EMC モデリング
4. まとめ

第3章　EMC 設計ツールを上手に使うために②　金属筐体からの漏洩電界の解析
1. はじめに
2. 金属筐体から漏洩する放射電界
3. ケーブルつき筐体から漏洩する放射電界
4. まとめ

第4章　EMC ツールを上手に使うために③　蓋付き金属筐体からの漏洩電磁界の解析
1. はじめに
2. 解析モデルの作成
3. 計算結果の考察
4. まとめ

第5章　EMC 設計ツールを上手に使うために④　EMC シミュレータの原理
1. はじめに
2. 回路解析ベースと電磁界解析ベース EMC シミュレータ
3. 回路シミュレータによる EMC 解析
4. まとめ

第6章　マイクロ波シミュレータを用いたプリントパターンの特性解析
1. はじめに
2. 電源、グランドライン特性に関して
3. 信号ラインの特性に関して
最後に

第7章　プリント基板のプレーン共振とシミュレーション
1. はじめに
2. プレーン共振の発生
3. 実装板およびプレーン共振解析例
4. バイパスコンデンサを用いた共振現象への対策
5. 周波数帯域とバイパスコンデンサの選択
6. エンベディッド・キャパシタ
7. おわりに

第8章　最新 FI-PBA 法シミュレータと EMC 解析事例
1. CEM への期待と課題
2. 電磁界シミュレータの種類と特徴
3. SAR 解析
4. 電磁界シミュレーションと SAR 解析
5. 電磁界シミュレーション人体詳細モデル
6. 解析事例のまとめ

第9章　シミュレーションを使った EMC 設計事例
1. はじめに
2. シミュレーションをどう活かすか
3. BGA 周りの実装設計
4. 電源・グランドの設計
5. システムにマッチングしたデバイスと伝送路の選定
6. 両面基板の低ノイズ設計
まとめ

第10章　シミュレーション結果の理論づけをするための基礎
1. はじめに
2. EMI に関係する基本的な性質
3. EMC モデルを用いた例
4. まとめ
謝辞

第11章　PEEC 法を用いた時間領域におけるシミュレーション
1. 今求められるシミュレーションツール
2. フルウェーブ型電磁界シミュレータ
3. シグナル・パワーインテグリティ
4. 時間領域でのシミュレーション（PEEC 法を例として）
5. PEEC 法による時間領域での解析例（パワーインテグリティ解析への応用）
6. これからの解析技術

第12章　開口ありシールドカバーによる EMI 低減
1. はじめに
2. LSI の波源のモデル
3. 解析結果
4. 実験結果
5. まとめ

第13章　LVDS 回路における差動信号伝送系放射ノイズ
1. はじめに
2. 差動信号出力 IC の波形
3. 放射ノイズシミュレーションと測定値
4. まとめ

第14章　平衡伝送モデルのシミュレーション
1. はじめに
2. 解析モデル
3. 解析結果
4. まとめ

第15章　半導体デバイス・回路混合 (Mixed-Mode) シミュレーションを用いた ESD 保護設計
1. はじめに
2. ESD 保護設計法
3. 手法の検証
4. ESD 保護ネットワークの最適化への応用
5. ESD 保護ネットワークの故障解析への応用
6. まとめ

第16章　伝送部員の SI シミュレーションと EMC
1. はじめに
2. インピーダンスの周期的変動とサックアウト
3. 差動線路の Intra_Pair_SKEW（IP_SKEW）の影響
4. コネクタの Launch 設計の影響
5. まとめ

第17章　シミュレーションを用いた高周波回路設計
1. はじめに
2. 高周波回路シミュレータ
3. 高周波フィルタ（LC LPF）の設計で見てみよう
4. 高周波アンプの設計で見てみよう
5. シミュレータを用いる上での注意
6. シミュレータを用いる上での利点
7. シミュレータを有効活用する

第18章　電磁界解析と EMI/EMC シミュレーションツール
1. まえがき
2. FDTD 法
3. モーメント法（MoM）

第19章　グランドプレーンからの放射ノイズシミュレーション
1. はじめに
2. 解析モデル
3. 解析結果
4. まとめ

第20章　シールドカバー内の線路のカップリングノイズシミュレーション
1. はじめに
2. シミュレーションのモデル
3. シミュレーション結果
4. 等価回路モデル

第21章　モーメント法電磁解析ツールを用いたモデリングテクニックと注意点
1. はじめに
2. モーメント法ツールのためのモデリング
3. モデリングパラメータの解析への影響
4. 解析例
5. まとめ
6. 次世代の解析ツール

第22章　近傍電磁界と EMI シミュレーションによる解析の実際
1. はじめに
2. 近傍電磁界と自家中毒
3. 電磁界シミュレーション技術の応用
4. モーメント法電磁解析モデリングの実際
5. 改良型モーメント法シミュレータを用いたシステム解析

発行／科学情報出版（株）

●ISBN 978-4-904774-44-1

同志社大学　合田　忠弘
九州大学　庄山　正仁　監修

設計技術シリーズ

再生可能エネルギーにおけるコンバータ原理と設計法

本体 4,400 円＋税

第Ⅰ編　再生可能エネルギー導入の背景
第1章　再生可能エネルギーの導入計画
1. 近年のエネルギー事情
    1.1 エネルギー消費と資源の遍在／1.2 地球環境問題とトリレンマ問題／1.3 循環型社会の構築
2. 再生可能エネルギーの導入とコンバータ技術
    2.1 再生可能エネルギーの導入計画／2.2 コンバータ技術の重要性

第2章　再生可能エネルギーの種類と系統連系
1. 再生可能エネルギーの種類とその概要
    1.1 再生可能エネルギーの種類と背景／1.2 コージェネレーション(CGS: Cogeneration System)／1.3 太陽光発電／1.4 風力発電／1.5 バイオマス発電／1.6 燃料電池／1.7 電力貯蔵装置
2. 分散型電源の系統連系
    2.1 分散型電源の系統連系系器の概要／2.2 系統連系の区分／2.3 発電設備の電気方式／2.4 系統連系保護の原則

第3章　各種エネルギーシステム
1. 太陽光発電
2. 風力発電
3. 太陽熱利用
    3.1 トラフ型／3.2 フレネル型／3.3 タワー型／3.4 ディッシュ型
4. 水力発電
5. 燃料電池
    5.1 燃料電池の原理／5.2 燃料電池の種類と特徴
    5.2.1 概要／5.2.2 固体高分子形燃料電池(PEFC)／5.2.3 リン酸形燃料電池(PAFC)／5.2.4 固体酸化物形燃料電池(SOFC)／5.2.5 溶融炭酸塩形燃料電池(MCFC)
6. 蓄電池
    6.1 蓄電池の原理／6.2 蓄電池の種類
    6.2.1 鉛蓄電池／6.2.2 NAS電池／6.2.3 レドックス・フロー電池／6.2.4 亜鉛臭素電池／6.2.5 ニッケル水素電池／6.2.6 リチウムイオン電池
7. 海洋温度差発電／7.2 波力発電
8. 地熱
    8.1 地熱発電の概要
    8.1.1 地熱発電所の3要素／8.1.2 地熱発電所の仕組／8.1.3 地熱発電の種類
    8.2 地熱発電の特徴と課題／8.3 地熱発電の現状と動向
    8.3.1 発電所の現状と地下資源／8.3.2 地熱発電の歴史と動向／8.4 地中熱
9. バイオマス

第Ⅱ編　要素技術
第1章　電力用半導体とその開発動向
1. 電力用半導体の歴史
2. IGBTの高性能化
3. スーパージャンクションMOSFET
4. ワイドバンドギャップパワー素子
5. パワー素子のロードマップ

第2章　パワーエレクトロニクス回路
1. はじめに
2. 再生可能エネルギー利用におけるパワーエレクトロニクス回路
3. 昇圧チョッパの原理と機能
4. インバータの原理と機能
    4.1 電圧形インバータの動作原理／4.2 電圧形インバータによる系統連系の原理
    4.3 電圧形インバータによる交流発電機の制御

第3章　交流バスと直流バス(低圧直流配電)
1. 序論
2. 交流配電方式

2.1 配電電圧・電気方式
    2.1.1 配電線路の電圧と配電方式／2.1.2 電圧降下
3. 直流配電方式
    3.1 直流送電／3.2 直流配電(給電)／3.3 直流配電(給電)による電圧降下／
4. 直流配電(給電)の利用拡大
    4.1 直流方式の歴史と現在における直流応用／3.4.2 今日における直流応用／4.3 電気通信事業における直流給電
4. 直流給電の最新動向
    4.1 負荷容量の増大と高電圧化／4.2 海外における通信用380Vdc給電方式の運用例／4.3 マイクログリッドにおける直流応用
5. 直流における課題・留意事項
    5.1 直流遮断器保護と保護継続／5.2 直流アーク保護／5.3 定電力負荷特性による不安定現象／5.4 接地と感電保護／5.5 その他の課題
6. 国際標準化の動向
    6.1 配電電圧規格の区分
    6.1.1 IEC規格などにおける直流電圧の定義／6.1.2 日本国内における直流電圧の定義／6.1.3 米国内における直流電圧の定義
    6.2 直流と文字データで表示／6.3 制定・運用されている国際標準の一例／6.3.1 配電業界分野／6.3.2 情報システム分野
    6.4 関連団体における活動状況
    6.4.1 IECにおける活動／6.4.2 ITUおよびETSIでの活動／6.4.3 その他の国際標準化動向
7. まとめ

第4章　電力制御
1. MPPT制御
    1.1 山登り法／1.2 電圧追従法／1.3 その他のMPPT制御法／1.4 部分影のある場合のMPPT制御／1.5 MPPT制御の課題
2. 双方向通信制御
    2.1 はじめに／2.2 自律分散協調型の電力網「エネルギーインターネット」／2.3 自律分散協調型電力網の制御システム／2.4 自律分散協調制御システム階層と制御所要時間

第5章　安定化制御と低ノイズ化技術
1. 系統安定化
    1.1 系統連系される分散電源のインバータの制御方式／1.2 自立運転／1.3 仮想同期発電機
2. 低ノイズ化技術
    2.1 パワーエレクトロニクス回路と高周波スイッチング／2.2 スイッチングノイズの発生機構／2.3 従来の低ノイズ化技術／2.4 ソフトスイッチングによる低ノイズ化技術／2.5 ノイズ電流相殺による低ノイズ化技術／2.6 まとめ

第Ⅲ編　応用事例
第1章　電力向けの適用事例
1. 次世代電力系統：スマートグリッド
    1.1 スマートグリッドの概要／1.2 スマートグリッドの狙いとそのベネフィット
2. スマートグリッドの主要構成要素
    3.1 スマートメータ／1.3.2 HEMS, BEMS／スマートハウス、スマートビルディング／1.3.3 分散型電源（再生可能エネルギー電源）／1.3.4 センサICT／1.3.4.2 通信ネットワークおよび通信プロトコル／1.3.4.3 情報処理技術など
    1.4 スマートグリッドからスマートコミュニティへ
2. 直流送電
    2.1 他励式直流送電
        2.1.1 他励式直流送電システムの概要／2.1.2 他励式直流送電システムの運転・制御／2.1.3 直流送電の適用メリット／2.1.4 他励式直流送電の適用事例
    2.2 自励式直流送電
        2.2.1 自励式直流送電システムの概要／2.2.2 自励式直流送電システムの運転・制御／2.2.3 自励式直流送電の適用メリット／2.2.4 自励式直流送電の適用事例
3. FACTS
    3.1 FACTSの概要／3.2 FACTS制御／3.3 系統適用時の設計手法／3.4 電圧変動対策／3.5 定態安定度対策／3.6 電圧安定性対策／3.7 過渡安定度対策／3.8 過電流抑制対策／3.9 周波数対策
4. 配電系統用パワエレ機器
    4.1 SVC
        4.1.1 回路構成と動作特性／4.1.2 配電系統への適用
    4.2 STATCOM
        4.2.1 回路構成と動作特性／4.2.2 配電系統への適用
    4.3 DVR／4.4 ループコントローラ／4.5 UPS
    4.5.1 常時用インバータ給電方式／4.5.2 無停電電源方式
5. 電気鉄道用パワエレ機器
    5.1 電気鉄道の給電方式の概要／5.2 直流送電方式の応用事例
    5.2.1 交直流電気車の制御／5.2.3 余剰回生電力の吸収方法
    5.3 交直変換電力供給設備
    5.3.1 交流電気車／5.3.2 交直変換電力供給設備

第2章　需要家向けの適用事例
1. スマートハウス
2. スマートビル
    2.1 はじめに／2.2 スマートビルにおける障害や災害の原因
    2.2.1 雷サージ／2.2.2 電磁誘導／2.2.3 静電誘導
    2.3 スマートビルにおける障害や災害の防止対策
    2.3.1 雷サージ／2.3.2 電磁誘導／2.3.3 静電誘導
    2.4 まとめ
3. 電気自動車（EV）用充電器
    3.1 はじめに／3.2 急速充電
    3.2.1 CHAdeMO仕様／3.2.2 急速充電器
    3.3 EV以外の充電
    3.3.1 概要／3.3.2 超急速充電器／3.3.3 ワイヤレス充電
    3.4 普通充電
    3.4.1 車載充電器／3.4.2 普通充電器／3.4.3 プラグインハイブリッド車（PHV）充電
    3.5 Vehicle to Home(V2H)
    3.6 まとめ
4. 住宅用PCS
    4.1 PCSの概要
    4.2 要求される条件
    4.3 単相3線式PCS／4.3 PCSの制御・保護機能
    4.4 三相3線式PCS／4.5 FRT機能／4.6 PCSの高効率化／4.7 PCSの接地
    4.8 系統連系保護方式PCS
5. WT用PCS
6. 風力用PCS

発行／科学情報出版（株）

ISBN 978-4-904774-39-7

産業技術総合研究所　蔵田 武志	監修
大阪大学　清川 清	
産業技術総合研究所　大隈 隆史	編集

設計技術シリーズ

AR（拡張現実）技術の基礎・発展・実践

本体 6,600 円 + 税

序章
1. 拡張現実とは
2. 拡張現実の特徴
3. これまでの拡張現実
4. 本書の構成

第1章　基礎編その1
1. マーカーベースの位置合わせ
   1−1　ARマーカーとは
     1−1−1 ARマーカーの概要／1−1−2 ARマーカーの特徴／1−1−3 ARマーカーの誕生と発展／1−1−4 マーカーを用いたARシステムの基本構成
   1−2　矩形ARマーカー
     1−2−1 マーカー認識手法の概要
     1−2−2 マーカー方式のメリット・デメリット
   1−3　その他のタイプのARマーカー
     1−3−1 隠蔽に強く、広範囲で使用できるマーカー／1−3−2 美観を損なわないマーカー／1−3−3 姿勢精度を向上させるマーカー
   1−4　ランダムドットマーカー
     1−4−1 概要／1−4−2 マーカーの認識と追跡／1−4−3 特徴
   1−5　マイクロレンズシートを用いたマーカー
     1−5−1 集光特性に関する従来マーカーの問題／1−5−2 可変モアレパターンの活用／1−5−3 LentiMarkとArrayMark／1−5−4 LentiMark, ArrayMarkの姿勢推定法／1−5−5 LentiMark, ArrayMarkによる高精度な姿勢推定／1−5−6 LentiMark, ArrayMarkの改良―問題②の改善／1−5−7 LentiMark, ArrayMarkのまとめ
   1−6　ARマーカーのまとめと展望
2. 自然特徴ベースの位置合わせ
   2−1　概要
   2−2　特徴点を用いた認識
     2−2−1 抽象的な特徴点／2−2−2 特徴点検出／2−2−3 特徴量算出／2−2−4 特徴量マッピング／2−2−5 その他の特徴を用いた認識
   2−3　特徴点の追跡
     2−3−1 2次元特徴点の追跡／2−3−2 3次元特徴点の追跡／2−3−3 その他の特徴を用いた追跡
   2−4　ARを実現する処理の枠組み
     2−4−1 認識処理のみを用いたAR／2−4−2 認識と追跡処理を用いたAR／2−4−3 SLAMを用いたAR／2−4−4 AR処理のみを用いたARのサンプルコード
   2−5　評価用データセット
     2−5−1 metaioデータセット／2−5−2 TrakMarkデータセット
   2−6　奥行き情報を用いた位置合わせ
     2−6−1 奥行き情報を利用するメリット／2−6−2 奥行き情報を用いた位置合わせ処理

第2章　基礎編その2
1. ヘッドマウントディスプレイ
   1−1　拡張現実感とヘッドマウントディスプレイ
   1−2　ヘッドマウントディスプレイの分類
   1−3　ヘッドマウントディスプレイのデザイン
     1−3−1 アイリリーフ／1−3−2 リレー光学系／1−3−3 接眼光学系／1−3−4 ホログラフィック光学素子を用いたHMD／1−3−5 網膜投影ディスプレイ／1−3−6 頭部搭載型プロジェクター／1−3−7 光線再生ディスプレイ
   1−4　広視野映像の提示
   1−5　時間遅れへの対処
   1−6　奥行き手がかりの再現
     1−6−1 輻輳（焦点調節）に対応するHMD／1−6−2 遮蔽に対応するHMD
   1−7　マルチモダリティ
   1−8　センシング
   1−9　今後の展望
2. 空間型拡張現実感（Spatial Augmented Reality）
   2−1　幾何学的レジストレーション
   2−2　光学補償
   2−3　光輝送
   2−4　符号化開口を用いた投影とボケ補償
   2−5　マルチプロジェクターによる超解像
   2−6　ハイダイナミックレンジ投影
3. インタラクション
   3−1　AR環境におけるインタラクションの基本設計
   3−2　セットアップに応じたインタラクション技法
     3−2−1 頭部設置型AR環境におけるインタラクション／3−2−2 ハンドヘルド型AR環境におけるインタラクション／3−2−3 空間設置型AR環境におけるインタラクション
   3−3　まとめ

第3章　発展編その1
1. シーン形状のモデリング
   1−1　能動的計測による密な点群取得
     1−1−1 能動ステレオ法／1−1−2 光飛行時間測定法
   1−2　受動的計測による点群取得
     1−2−1 Structure-from-Motionの概要／1−2−2 Structure-from-Motionのバリエーション／1−2−3 Structure-from-Motionにおける高速化・安定化の工夫
   1−3　点群データ処理およびAR/MRへの応用
     1−3−1 位置合わせ処理／1−3−2 統合処理／1−3−3 シーン形状のAR/MRへの応用
2. 光学的整合性
   2−1　光学的整合性とは
   2−2　光学的整合性に含まれる構成要素
   2−3　光源環境の推定技術
   2−4　実物体の形状・反射特性推定に関する技術
   2−5　AR/MRにおける実時間レンダリング技術
     2−5−1 シャドウマップ／2−5−2 環境マップ／2−5−3 Image-Based Lightning (IBL)／2−5−4 事前に計算されたGI結果の活用／2−5−5 写実性の向上が期待される その他の描画法／2−5−6 リライティング (Relighting)／2−5−7 最新の動向
   2−6　画質の整合性
3. ビューマージメント、可視化
   3−1　アノテーションのビューマージメント
   3−2　Diminished Reality
   3−3　焦点の考慮、奥行きの知覚
   3−4　まとめ
4. 自由視点映像技術を用いたMR
   4−1　自由視点映像技術の拡張現実感への導入
   4−2　静的な物体を対象とした自由視点映像技術を用いたMR
     4−2−1 インタラクティブモデリング／4−2−2 Kinect Fusion
   4−3　動きを伴う物体を対象とした自由視点映像技術を用いたMR
     4−3−1 方式／4−3−2 自由視点サッカー中継／4−3−3 シースルービジョン／4−3−4 NaviView
   4−4　まとめ

第4章　発展編その2
1. マルチモーダル・クロスモーダルAR
   1−1　マルチモーダルAR
   1−2　クロスモーダルAR
2. ロボットと連携するAR
   2−1　ロボットとセンサー情報
   2−2　ロボットとビューマージインタフェース
     2−2−1 ロボット見越しインタフェース／2−2−2 ロボットの外装を変更するAR／2−2−3 内装を変更するARインタフェース／2−2−4 ロボットの知覚情報・行動可能性の可視化／2−2−5 AR環境におけるロボットの機能拡張
   2−3　ロボットと連携するAR技術の可能性
3. 屋内外シームレス測位
   3−1　さまざまな測位方法
   3−2　ハイブリッド測位
     3−2−1 屋内外シームレス測位のための情報統合方法／3−2−2 センサー・データフュージョンの概要／3−2−3 SDFの応用事例紹介
   3−3　歩行者デッドレコニング (PDR)
     3−3−1 歩数（方位）の推定／3−3−2 進行方向の推定／3−3−3 歩行動作検出と歩幅の推定／3−3−4 ユーザの移動軌跡／3−3−5 PDRベンチマーク標準化に向けて
4. ARによるコミュニケーション支援
   4−1　ARによる協調作業支援
     4−1−1 協調作業のタイプ／4−1−2 ARを用いた協調作業の分類／4−1−3 協調型ARシステムの設計指針
   4−2　ARを用いた同一地点コミュニケーション支援
   4−3　ARを用いた遠隔地間コミュニケーション支援
     4−3−1 ARを用いた対称型遠隔地間コミュニケーションシステム／4−3−2 ARを用いた非対称型遠隔地間コミュニケーションシステム

第5章　実践編
1. はじめに
   1−1　評価指標の策定
   1−2　データセットの準備
   1−3　TrakMark：カメラトラッキング手法ベンチマークの標準化活動
   1−4　おわりに
2. Casper Cartridge
   2−1　Casper Cartridge Projectの概要
   2−2　Casper Cartridgeの構成
   2−3　Casper Cartridgeの作成準備【ハードウェア】
   2−4　Casper Cartridgeの作成準備【ソフトウェア・データ】
   2−5　Casper Cartridgeの選択
   2−6　Ubuntu Linux用USBメモリスティック作成手順
   2−7　Casper Cartridge作成手順
   2−8　Casper Cartridge利用時の注意
   2−9　ARプログラム事例
   2−10　ARライブラリ (OpenCV, OpenNI, PCL)
   2−11　カメラトラッキング性能指標値の算出
3. メディカルAR
   3−1　診療の現場
     3−1−1 外来診療の特徴／3−1−2 必要とする情報支援／3−1−3 AR情報の提示方法／3−1−4 多職種協働（歯科診療支援システム）／3−1−5 ARの外来診療への応用のために
   3−2　手術ナビゲーション
   3−3　医療教育への適用
   3−4　遠隔医療コミュニケーション支援
4. 産業AR
   4−1　ARの産業分野への応用事例
   4−2　産業ARシステムの性能指標

第6章　おわりに
1. これからのAR
2. ARのさきにあるもの

発行／科学情報出版（株）

設計技術シリーズ
インバータ制御技術と実践
2016年11月25日　初版発行

著　者　西田　克美　　　　　　　　　©2016
発行者　松塚　晃医
発行所　科学情報出版株式会社
　　　　〒300-2622　茨城県つくば市要443-14 研究学園
　　　　電話　029-877-0022
　　　　http://www.it-book.co.jp/

ISBN 978-4-904774-49-6　C2054
※転写・転載・電子化は厳禁